目　录

1
2

3

4
5

6

7

8

9
10

11

12

13
14
15

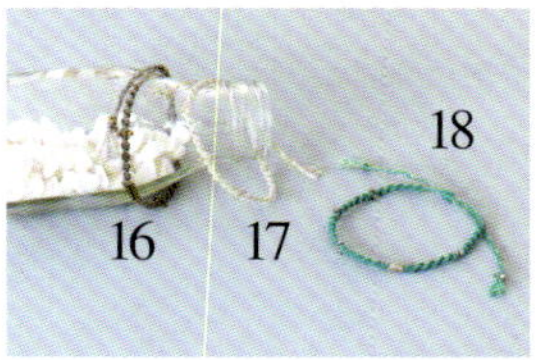
16
17
18

19

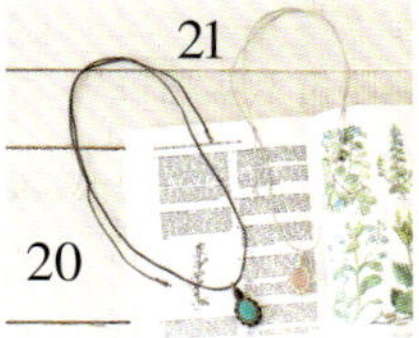
20
21

22
23
24

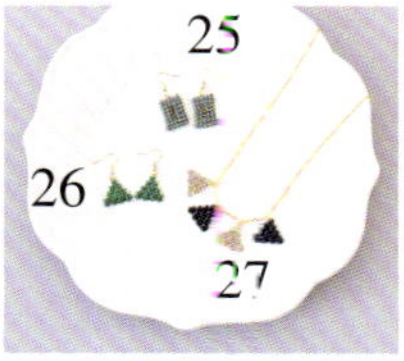
25
26
27

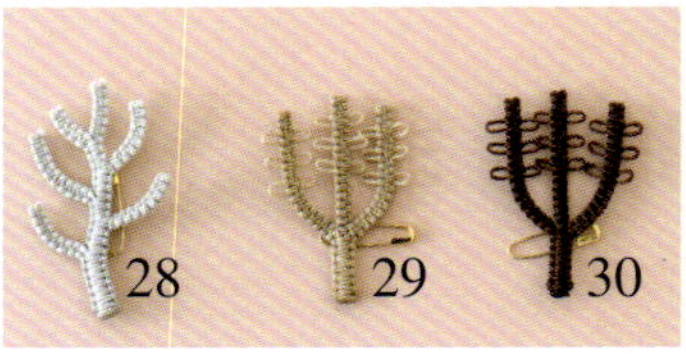
28
29
30

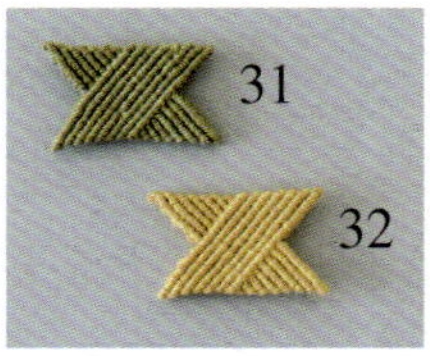
31
32

33

34
35

36
37
38

39

40

41

制作方法 / p.26（附制作过程解说）

绳子 / Cotton Soft 3

设计 / marchen-art studio

1

2

Bag 七宝结、捆扎结

流苏包

这款七宝结的流苏包，是将棉绳挂在木提手上编出来的。
设计时，将编绳的末端保留得长长的，做成了流苏。
这款流苏包附有制作过程解说，请一定要试一试。

Bag 七宝结、平结

休闲手提包

这款红色的七宝结手提包，休闲风十足。
短途外出时，
这个大小的手提包正合适。

3

制作方法 / p.32

绳子 / JUTE RAMIE
设计 / marchen-art studio

Bag 单结、平结

网兜包

这款编得较为稀疏的网兜包，
可以装蔬菜和水果，很适合在厨房使用；
也可以装拖鞋，带去海边。
作品4在作品5的基础上穿入了大的亮片，
就变得华丽起来。

5

4

制作方法 / p.34

绳子 / Chemical Code 细

设计 / marchen-art studio

Bag 七宝结、扭结

圆提手包

这款圆提手包在七宝结的基础上，
用扭结表现出横条纹状的线条。
结实的材质，挺括的包型，都很有魅力。

6

制作方法 / p.36

绳子 / HEMP TWINE 中
设计 / marchen-art studio

制作方法 / p.31

绳子 / ROMANCE CORD 1.5mm

设计 / anudo

7

Camera Strap 斜卷结

相机背带

这款相机背带使用了 4 种颜色的绳子编成，

“之”字形图案显得更加活泼。

组合自己喜欢的颜色，

制作独一无二的相机背带吧。

Cellular Phone Case 七宝结

手机包

用两种颜色的绳子交替编结，做成条纹图案。
点缀在包口处的金属扣子是亮点。
手机包可以挂在包包的提手上。

8

制作方法 / p.38

绳子 / HEMP TWINE 中
设计 / marchen-art studio

Hanging Basket

捆扎结、扭结、平结

简单花盆吊饰

想制作极具人气的花盆吊饰，
可以先从这款简单的开始。
需要编结的地方很少，
很快就能做好。

9

10

制作方法 / p.40（附制作过程解说）

绳子 / Cotton Special 3mm

设计 / marchen-art studio

Hanging Basket

捆扎结、扭结、平结

螺旋纹花盆吊饰

粗粗的螺旋纹是这款花盆吊饰的看点，
它的大尺寸也很引人注目。
只要挂上一个，就会成为房间里跃动的亮点。

11

制作方法 / p.39

绳子 / Jute Code 细

设计 / marchen-art studio

制作方法 / p.44

绳子 / marchen outdoor cord
设计 / marchen-art studio

12

Hanging Basket 七宝结、捆扎结

厨房吊饰

可以装蔬菜、水果，很适合在厨房使用。
厨房吊饰不仅看起来可爱，制作方法也很简单！
选择让厨房变得更明亮的颜色制作吧。

Hanging Basket

捆扎结、平结、扭结

迷你花盆吊饰

变换材质，做成迷你花盆吊饰吧。
放入花瓶或花盆，并排几个装饰墙面也很漂亮。

制作方法 / 作品 13、15 p.45
作品 14 p.39

绳子 / HEMP TWINE 中
设计 / marchen-art studio

扭结

简单款手链

加入小珠子编成的手链，
简约中透出奢华。
几个叠戴在一起，随意又可爱。

制作方法 / p.46

绳子 / Micro Macrame Cord
设计 / anudo

Bracelet 扭结

两用手链

典雅的三色手链，戴在手腕上就像叠戴了三条手链。
还可以打开作为项链使用，一物两用，十分有趣。

制作方法 / p.47
绳子 / Micro Macrame Cord
设计 / anudo

19

Necklace

平结、捆扎结、三股编

包石结项链

这是一款将天然的绿松石或粉晶
做成吊坠的项链。
热门的包石结，附有制作过程解说，
请一定要试着做一做。

制作方法 / p.48（附制作过程解说）

绳子 / Micro Macrame Cord
设计 / anudo

Ring 平结

能量宝石戒指

这款戒指的设计让人过目难忘，
用金属珠子编出边框，
将能量宝石围在中间。
各种颜色的组合都可以尝试一下。

制作方法 / p.53

绳子 / Micro Macrame Cord
设计 / anudo

造型耳坠和项链

三角形或四边形的造型，是当下最流行的设计。
只需要用到七宝结就能迅速完成，这也是其魅力所在。

制作方法／作品 25 p.54
作品 26、27 p.55

绳子／ Micro Macrame Cord
设计／松田纱和

制作方法／作品 28 p.56
作品 29、30 p.57

绳子／ Micro Macrame Cord
设计／松田纱和

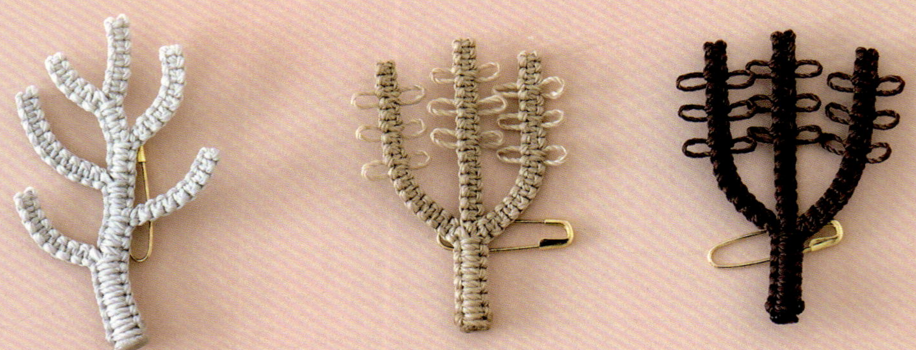

28　　29　　30

Brooch　平结、花边结

胸针 A

简约的小树造型，任何年龄都可以佩戴，
当作礼物送人也是不错的选择。
做出心仪的造型的过程也是一种享受。

Brooch 斜卷结

胸针 B

这是只用斜卷结就能完成的
几何造型饰物。
做出各种颜色的胸针，
组合佩戴也很可爱。

31

32

制作方法 / p.58

绳子 / HEMP TWINE 细
设计 / 松田纱和

Brooch 横卷结

胸针 C

“之”字形的饰物摇摇晃晃，设计很有趣。
戴在包包上，便可以成为亮点。

33

制作方法 / p.59

绳子 / Micro Macrame Cord
设计 / 松田纱和

Bracelet 七宝结

银色和金色的手链

绳子本身带金属质感，
虽然柔软，但是有韧性，很容易编结。
银色和金色的绳子演绎出优雅、成熟的气质。

制作方法 / 作品 34 p.60
作品 35 p.61

绳子 / STAINLESS CORD 0.6mm
设计 / 松田纱和

Coaster 七宝结

杯垫

菱形的杯垫，设计十分新颖，
编结的开始和结尾，都做成了流苏。
做出各种颜色的杯垫放在一起，
餐桌也变得有趣起来。

制作方法 / p.62
绳子 / HEMP TWINE 中
设计 / 松田纱和

Place mat 纵卷结

餐垫

将螺旋状波纹的装饰搭配在餐垫的对角作为点缀，
看起来随意，却是点睛之笔。

制作方法 / p.63

绳子 / HEMP TWINE 细
设计 / 松田纱和

制作方法 / p.64
绳子 / 剑麻麻绳
设计 / marchen-art studio

40

Bottle Cover 七宝结、平结、三股编

瓶子套

这是一款用全麻材质的绳子编成的瓶子套。
有提手，方便携带。
款式漂亮，可以直接当作礼物送人。

留言架

这是一款直编下来的留言架，
可以把卡片或者照片夹在上面。
流苏的底端随意装饰了羽毛、十字架等，
呈现出动感。

制作方法 / p.65

绳子 / Jute Fix 细
设计 / marchen-art studio

41

作品的制作方法

p.2　作品1、2

***绳子**
Cotton Soft 3
作品1　藏蓝色（290）
作品2　象牙白色（271）
　编结绳…140cm，36根
　捆扎结用绳…40cm，9根

***其他**
木提手
作品1　（MA2183，9.5cm×15.5cm，褐色）…1组
作品2　（MA2182，9.5cm×15.5cm，白木色）…1组
***尺寸**
24cm×22cm

包身 A 的编结方法

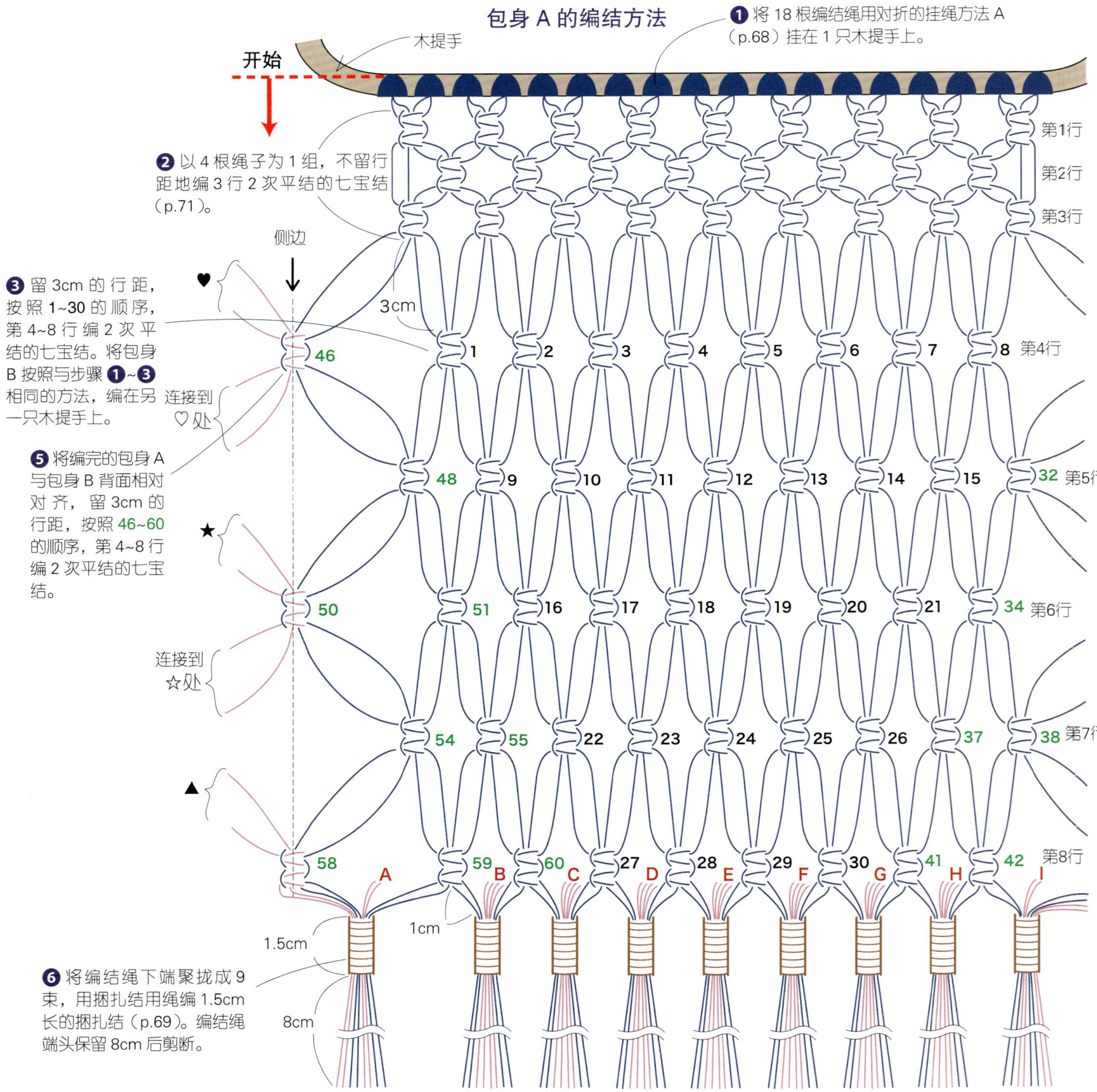

p.28 ~ 30是流苏包的详细制作过程解说。

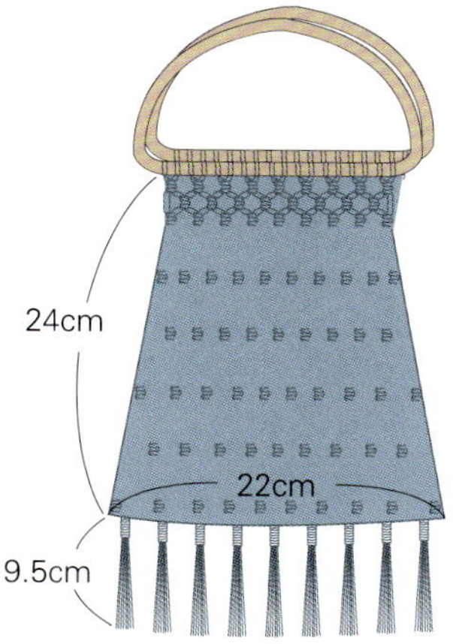

包身 B 的编结方法

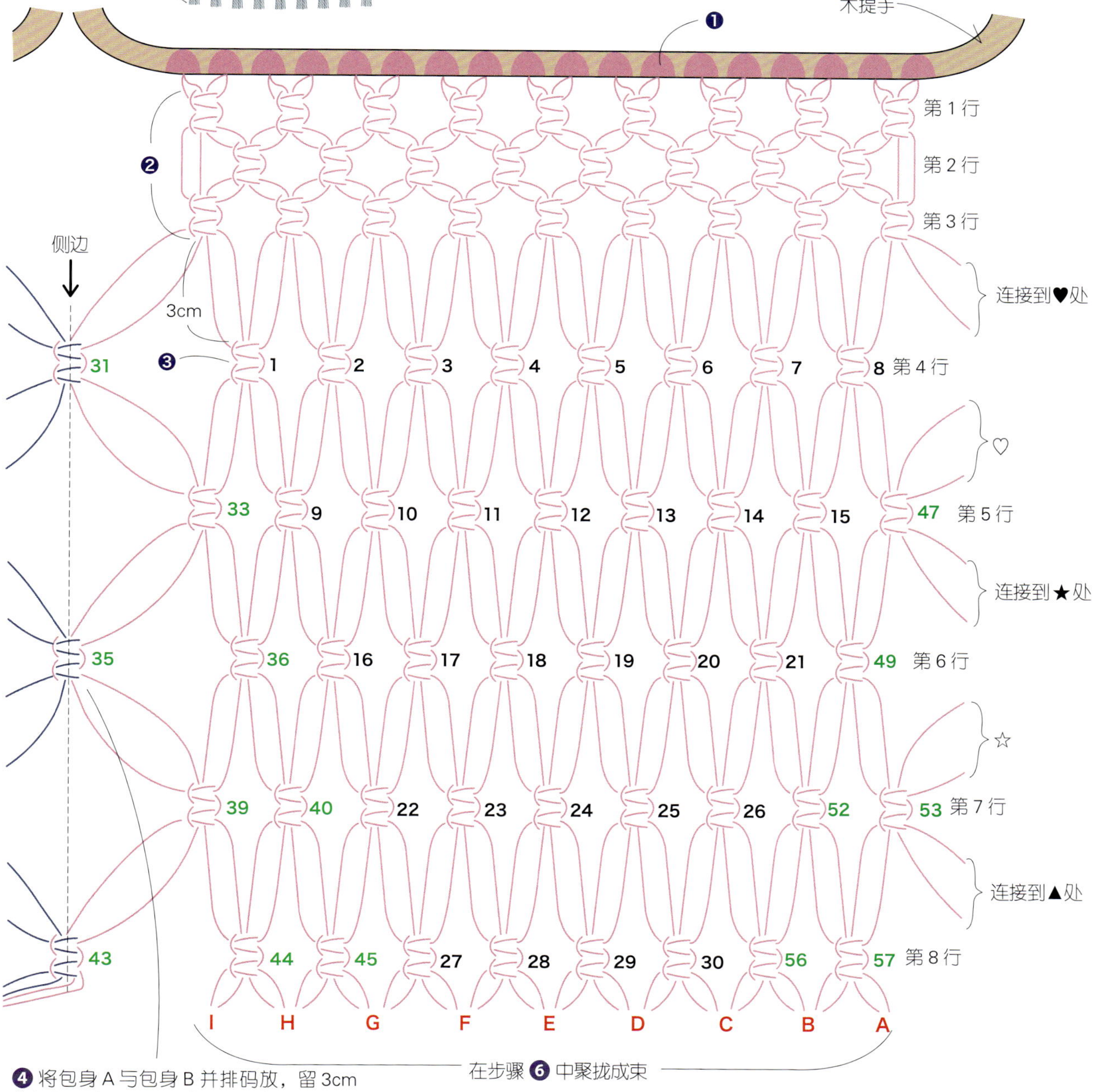

❹ 将包身 A 与包身 B 并排码放，留 3cm 的行距，按照 31~45 的顺序，第 4~8 行编 2 次平结的七宝结。

作品 1、2　流苏包的制作方法

※为了将步骤看得更清楚，使用了与作品不同颜色的绳子制作。

在木提手上挂绳子

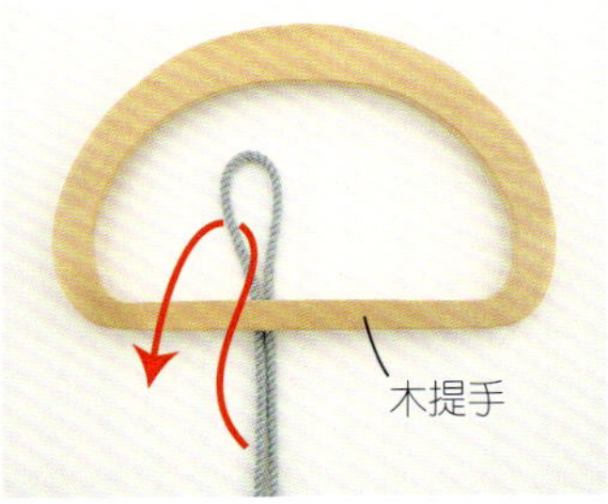

1　将编结绳对折，放在木提手的下方，将对折端向前折下，再将绳子两端按照箭头方向从绳圈中拉出。

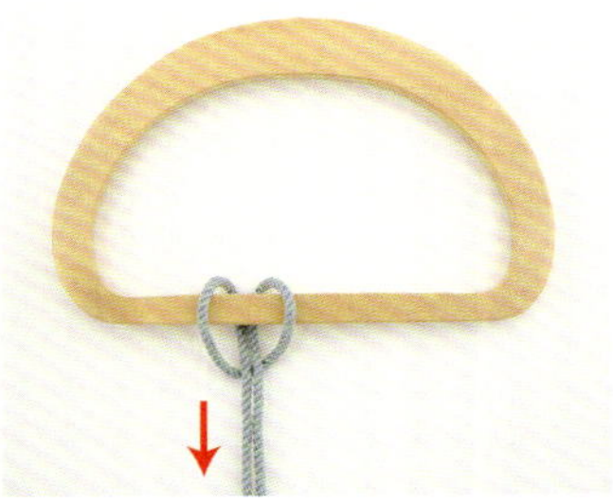

2　按照箭头方向拉紧绳子（p.68“对折的挂绳方法A”）。

3　在木提手上挂好1根绳子的样子。

4　按照相同的方法，在1只木提手上挂18根绳子。

编包身A与包身B

5　用定位针将木提手的下缘固定在软木垫板上。将左端的4根绳子分为芯绳和编结绳，编2次平结（p.70）。

6　编好了2次平结的样子。编第1次的平结时，在提手的边缘用力拉紧。

7　继续用后面的4根绳子编2次平结。

8　按照相同的方法，从左至右，依次以4根绳子为1组，编2次平结。第1行编好了9组平结。

9　第2行，将左边的2根绳子先放在旁边，后面的4根绳子以内侧的2根绳子为芯绳，编2次平结。

10　编好了2次平结的样子。就这样，每行变换芯绳和编结绳，就做成了七宝结。

11　按照相同的方法，从左至右，依次以4根绳子为1组，编2次平结。最后的2根绳子也先放在旁边，第2行编好了8组平结。

12　加入第2行开始处放在旁边的2根绳子，用左边的4根绳子开始编第3行的平结。在第2行的下端插入定位针。

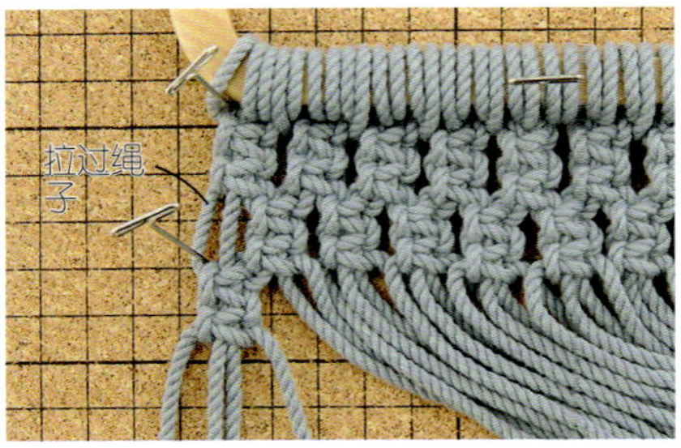

13　在定位针的下方，拉过左端的绳子，编2次平结。继续从左至右，以4根绳子为1组编2次平结。

14 右端也和左端相同，插入定位针，拉过绳子进行编结。第3行编好了。将第3行的下端对齐软木垫板的格子线，分别插入定位针固定。

15 将左边的2根绳子先放在旁边，从第3行下端开始向下留3cm的行距插入定位针，编第4行的平结。

16 在定位针的下方，编好了2次平结。在第3行和第4行之间渡3cm的绳子。

17 按照相同的方法，从左至右，依次以4根绳子为1组，留3cm的行距插入定位针，编第4行的平结。最后的2根绳子也先放在旁边。

18 第5行也先将左边的2根绳子放在旁边，留3cm的行距插入定位针，编2次平结。

重点

如果没有软木垫板和定位针，可以将厚卡纸剪成需要的宽度，然后将厚卡纸夹在芯绳和编结绳之间，在厚卡纸的下缘编平结。

19 按照相同的方法，从左至右，依次以4根绳子为1组，留3cm的行距插入定位针，编第5行的平结。最后的2根绳子也先放在旁边。

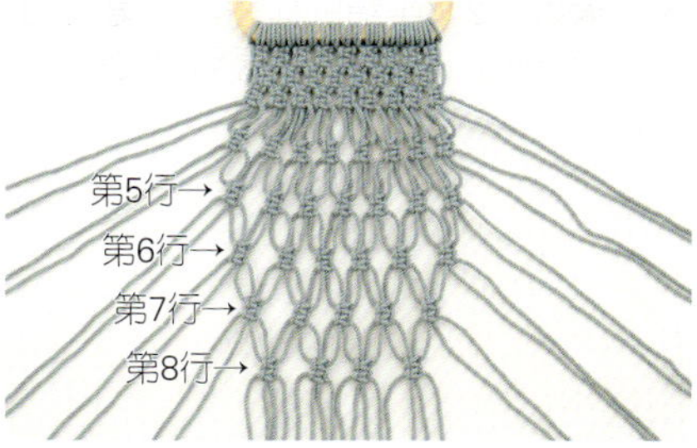

20 按照相同的方法，将每行两侧边的2根绳子先放在旁边，留3cm行距的同时编2次平结，一直编至第8行。

21 制作了2片编至第8行的包身。包身A、包身B编好了。

编两侧边

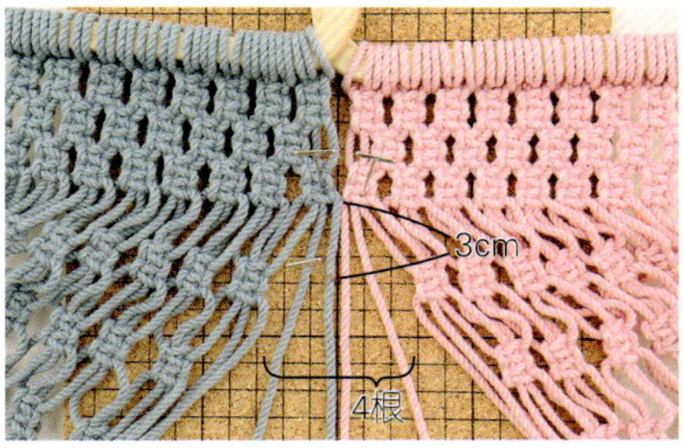

22 将2片包身正面朝上，将第3行绳结的下端对齐并排码放，插入定位针固定。分别用2片包身侧边的2根绳子共4根绳子，留3cm的行距插入定位针，编2次平结。

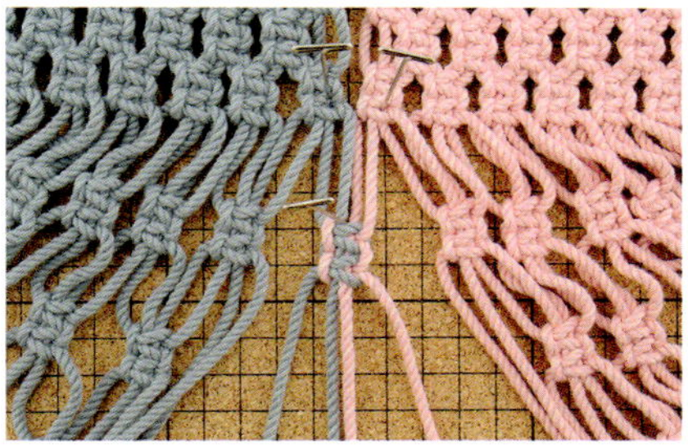

23 编好了2次平结的样子。

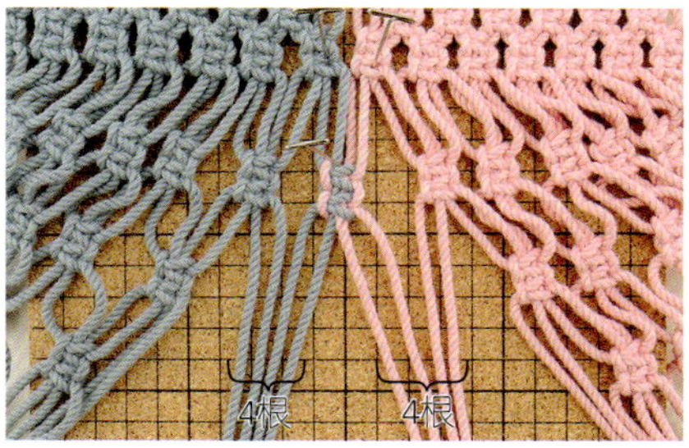

24 再从侧边分别加入2根绳子，以4根绳子为1组，留3cm的行距插入定位针，编2次平结。

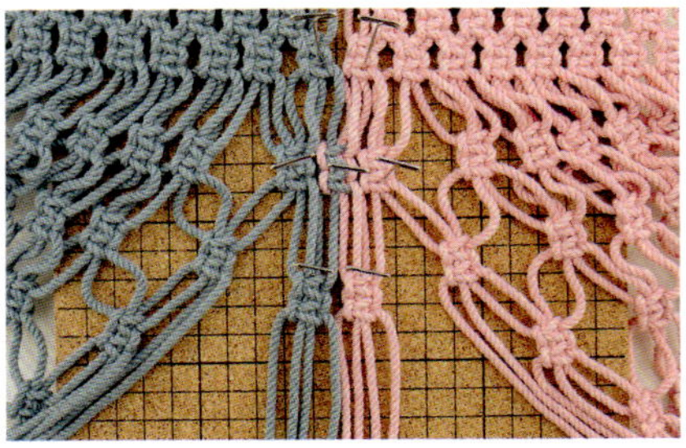

25 分别编好了2次平结的样子。

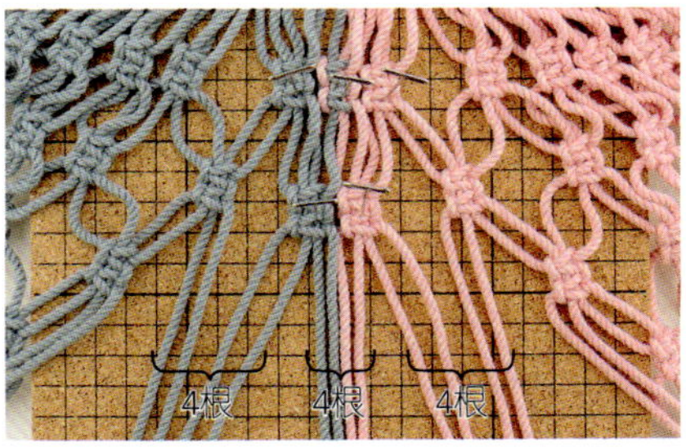

26 按照相同的方法，分别加入每行侧边的2根绳子，留3cm的行距插入定位针，以4根绳子为1组，编2次平结。

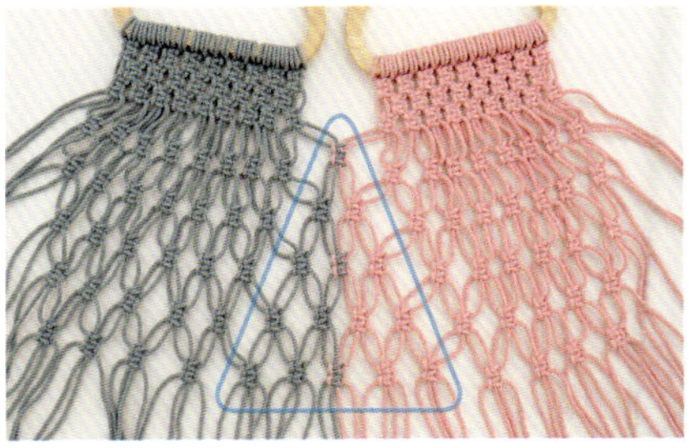

27 编好了5行的侧边。

28 将2片包身背面相对对齐，编另一侧边。同步骤22～27，以4根绳子为1组，留3cm的行距的同时编2次平结，每行重复编结。（图示中为了看得更清楚，将绳结放在了布上，实际制作时需使用软木垫板，一边插入定位针固定，一边编结。）

29 编好了5行的侧边。

编包底

30 从软木垫板上摘下来，调整形状，放在平整的地方。

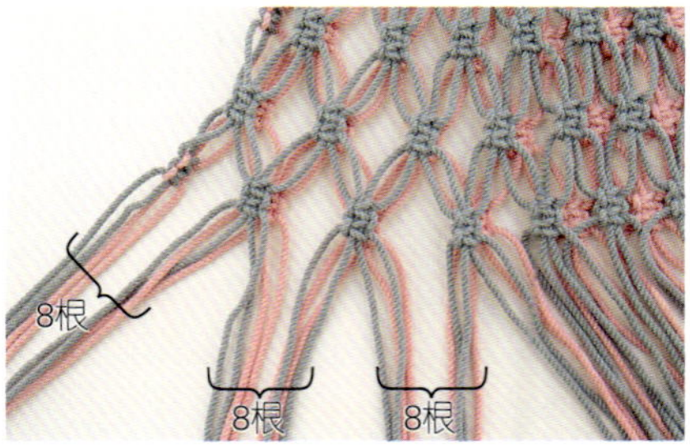

31 将侧边编结绳下端分为8根1组。包身A、包身B则4根分为1组。

32 使用捆扎结用绳，在最后1行绳结下方1cm处，编1.5cm长的捆扎结（p.69）。

33 编好了9组捆扎结。

34 将编结绳下端保留8cm后剪断。完成。

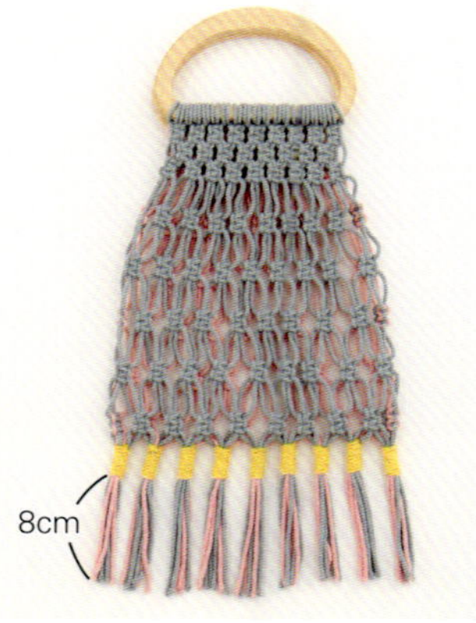

p.6　作品7

***绳子**

ROMANCE CORD 1.5mm

橙色（865）

　芯绳…190cm，1根

　编结绳A…300cm，1根

焦糖色（866）

　编结绳B…300cm，2根

米色（853）

　编结绳C…230cm，2根

栗棕色（854）

　编结绳D…230cm，2根

***其他**

插扣挂绳（P1045）…2个

***尺寸**

长93cm（含挂绳）

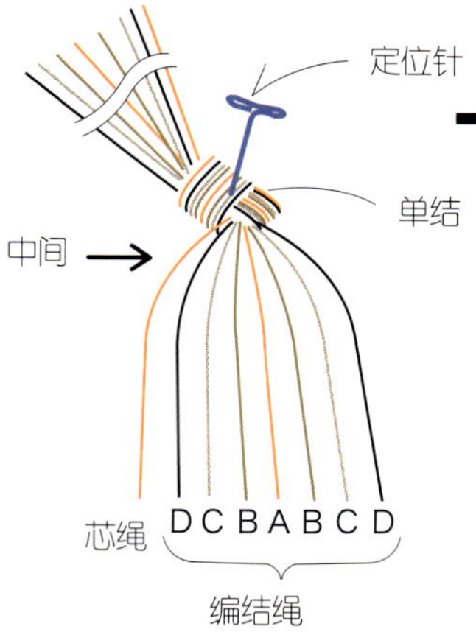

❶ 如图所示，将芯绳和编结绳在中间对齐，并排码放，开始编结下半部分。
※ 在中间暂时编单结（p.69），用定位针固定。

编结方法

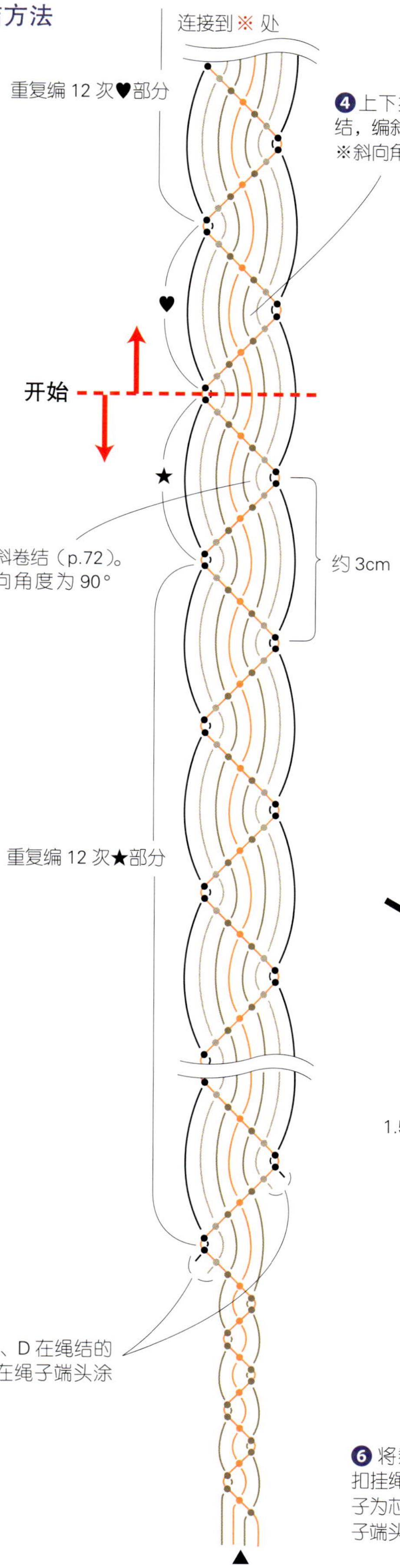

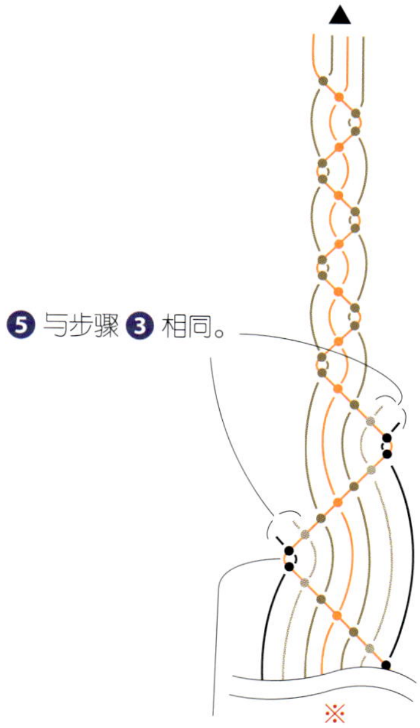

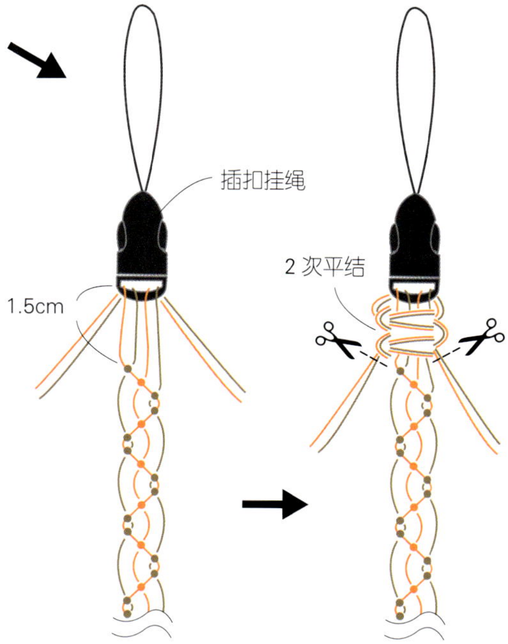

❻ 将剩余的绳子每 2 根分为 1 组，分别穿过插扣挂绳，留 1.5cm 的空距，以留出空距的 4 根绳子为芯绳，2 根绳子一起编 2 次平结（p.70）。绳子端头在绳结的边缘剪断，涂抹胶水。

p.3　作品3

***绳子**

JUTE RAMIE

红色（553）

编结绳A…400cm，2根

编结绳B…300cm，2根

编结绳C…120cm，52根

提手用编结绳…300cm，4根

提手用芯绳…100cm，2根

***尺寸**

32cm × 23cm

1. 制作包口。

编结方法

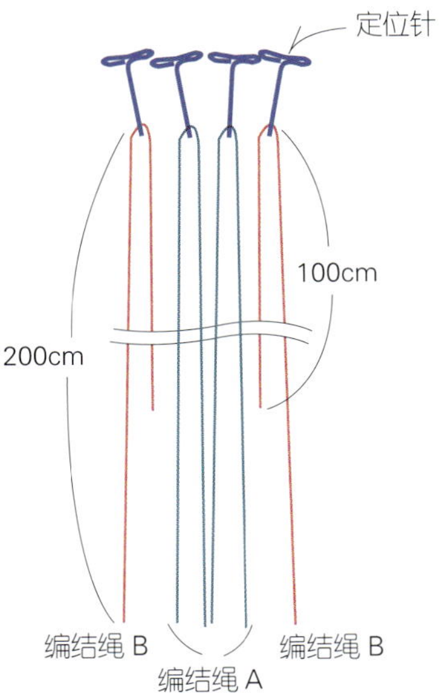

❶ 将 2 根编结绳 A 对折，先对折编结绳 B 再如图所示调整其左右的长度，分别插入定位针。上侧留 0.5cm，编 2 次平结的七宝结（p.71）。

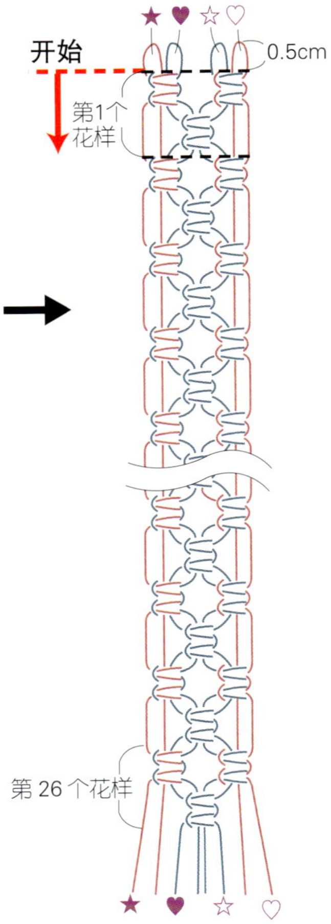

❷ 编 26 个花样。按照标记分别将 1 根绳子的端头从上方穿入开始处留出的线圈中，并与没有穿入的绳子端头编平接结（p.69）。在绳结上涂抹胶水，晾干，绳子端头保留约 0.5cm 后剪断。

3. 制作提手。

编结方法

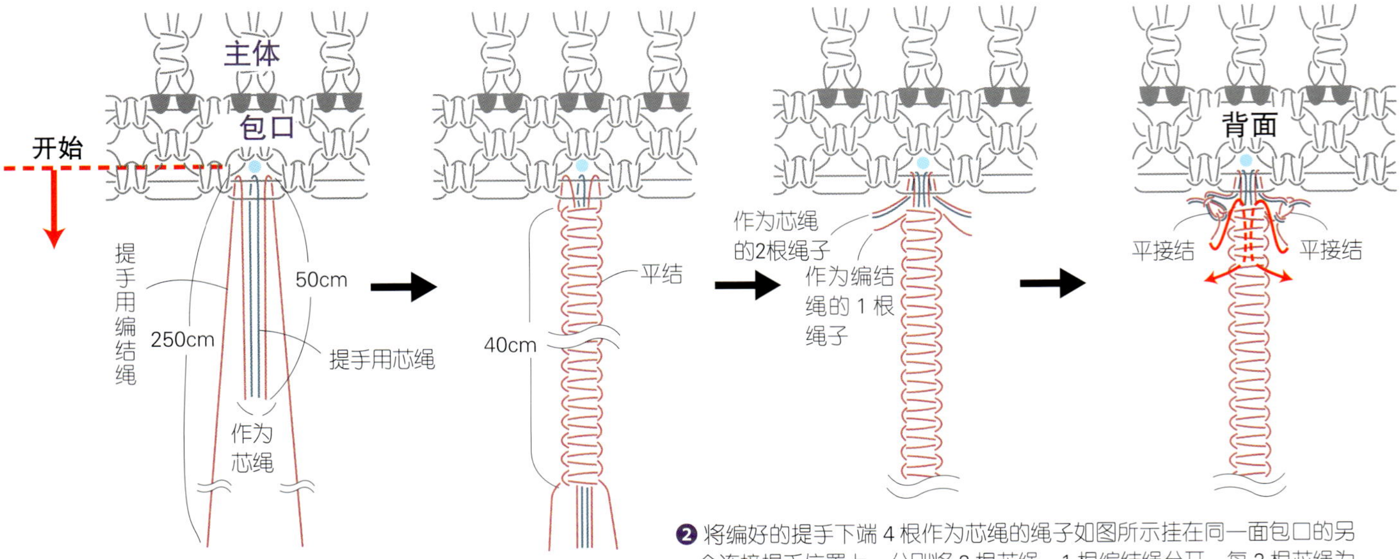

❶ 将 1 根芯绳对折，将 2 根提手用编结绳对折后如图所示调整左右的长度，如图所示挂在包口另一侧边连接提手位置的 2 根绳子上。将内侧的 4 根短绳作为芯绳，编 40cm 长的平结（p.70）。

❷ 将编好的提手下端 4 根作为芯绳的绳子如图所示挂在同一面包口的另一个连接提手位置上。分别将 2 根芯绳、1 根编结绳分开，每 2 根芯绳为 1 组在背面编平接结。在绳结上涂抹胶水，晾干，作为芯绳的绳子端头保留约 0.5cm 后剪断。将 1 根编结绳如图所示穿过平结的绳结后剪断。按照相同的方法制作另一根提手。

2. 制作主体。

编结方法

❶ 将 52 根编结绳 C 用对折的挂绳方法 A（p.68）挂在包口侧边的 2 根绳子上。

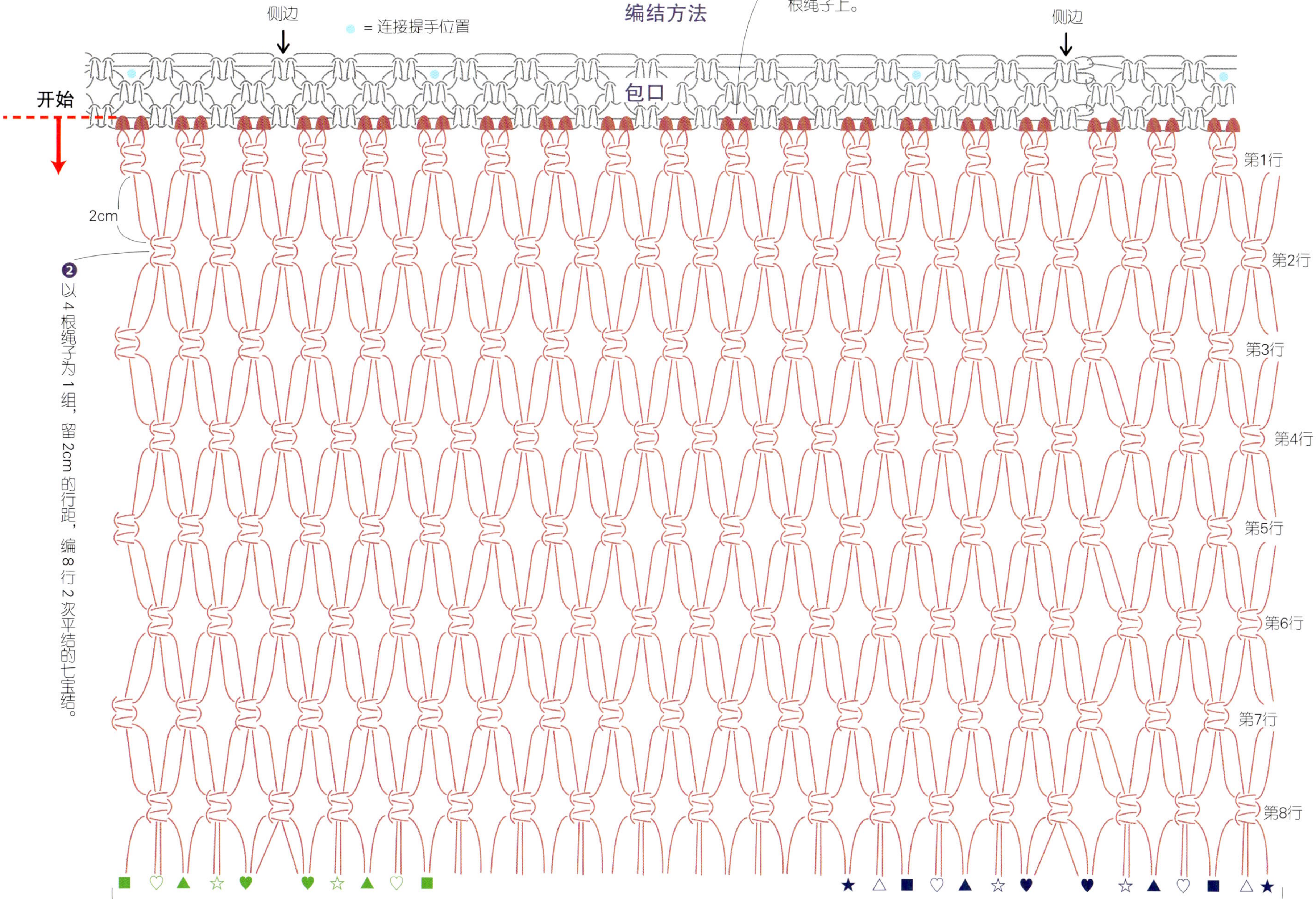

❷ 以 4 根绳子为 1 组，留 2cm 的行距，编 8 行 2 次平结的七宝结。

❸ 沿侧边线叠平，放在平稳的地方，以 2 根绳子为 1 组（两侧边的♥、♥处 3 根绳子为 1 组），将前、后片底部位于相同位置的 2 根绳子一起编牢固的平接结。在绳结上涂抹胶水，晾干，绳子端头保留约 0.5cm 后剪断。

p.4　作品4、5

***绳子**

Chemical Code 细

作品4　白色（620）

作品5　蓝绿色（640）

编结绳…260cm，18根

提手用绳…350cm，4根

***其他**

作品4　亮片（直径20mm，白蛋白石色）…63个

***尺寸**

深23cm

1. 制作主体。

主体的编结方法

❶ 将 18 根编结绳在中间对齐码放。在中间用 9 根绳子一起编 1 次平接结（p.69）。

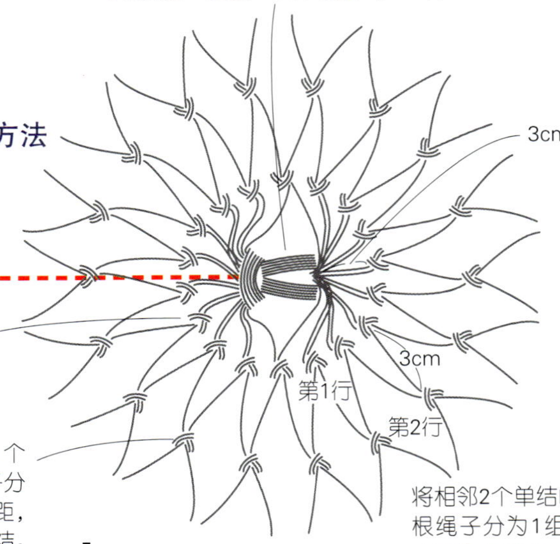

❷2 根绳子分为 1 组，留 3cm 的行距，2 根绳子一起编单结（p.69）。（第 1 行）

❸ 如图所示将相邻 2 个单结的相邻 2 根绳子分为 1 组，留 3cm 的行距，2 根绳子一起编单结。（第 2 行）

将相邻2个单结的相邻2根绳子分为1组，继续步骤❹的编结，编成桶状。

= 作品 4 中穿亮片的位置

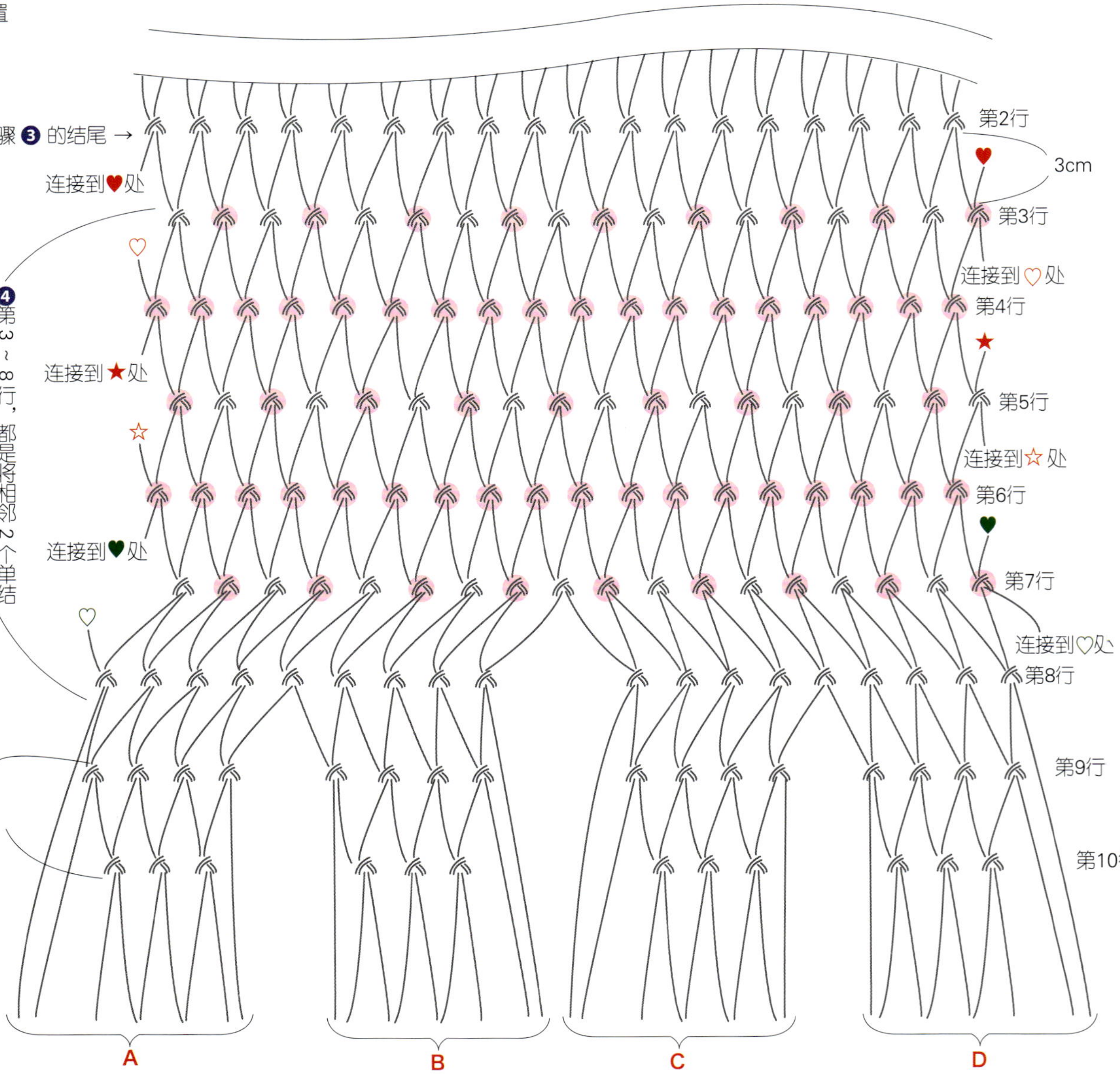

❹ 第 3～8 行，都是将相邻 2 个单结的相邻 2 根绳子分为 1 组，留 3cm 的行距，2 根绳子一起编单结，编成桶状。

❺ 第 9、10 行，如图所示分为 A、B、C、D4 组，减少编结的次数。

2. 制作提手。

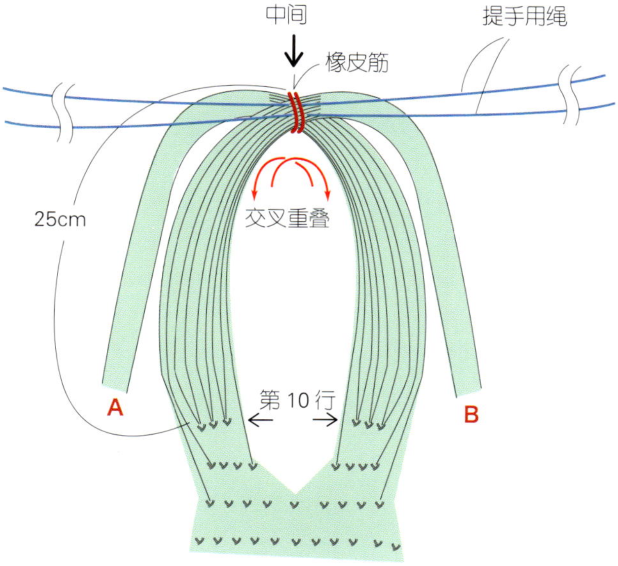

❻ 上下掉转方向，将 A、B 聚拢成束，左右交叉重叠。在中间重叠 2 根提手用绳，用橡皮筋等固定。

编平结的绳子的穿入方法

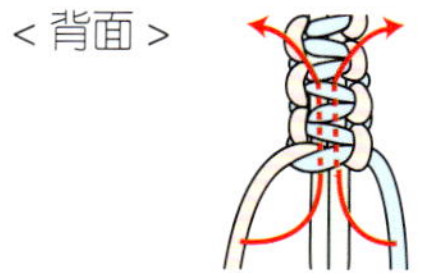

将编结绳用针穿入平结的绳结中。绳子端头在平结的边缘剪断。

亮片的穿法

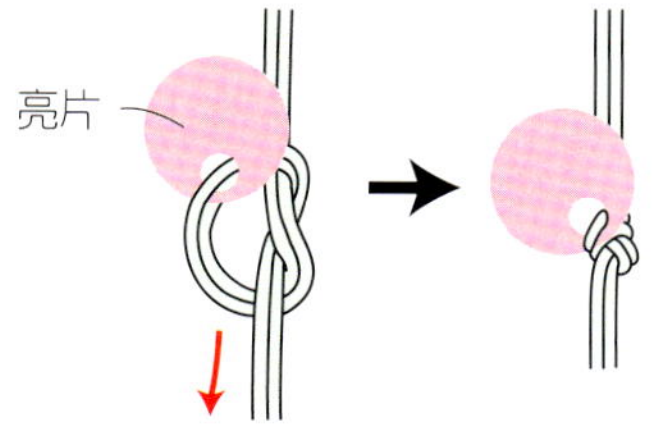

将亮片穿过 1 根编结绳。2 根绳子一起编单结，将亮片移动至图示位置，拉紧。

提手的编结方法

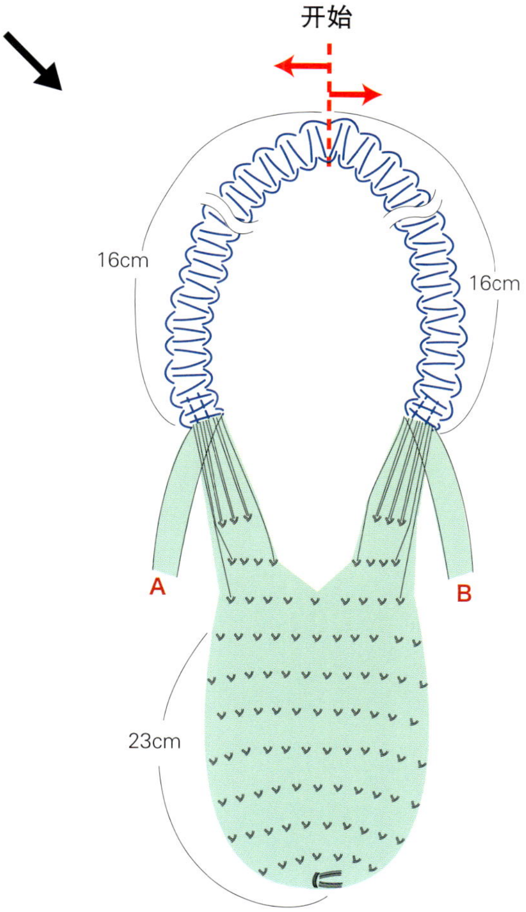

❼ 以交叉后的绳子 A、B 作为芯绳，用提手用绳从中间开始向两侧各编 16cm 长的平结（p.70）。将多余的编平结的提手用绳穿入平结中。作为芯绳的 A、B 的端头在平结的边缘剪断。

※C、D，按照与步骤 ❻、❼ 相同的方法编结。

p.5　作品6

***绳子**

HEMP TWINE 中
苔绿色（323）
芯绳…150cm，2根
编结绳…170cm，108根
连接提手用绳…180cm，2根

***其他**

木提手（MA2181，直径16cm，褐色）…1组

***尺寸**

27cm × 20cm

❶ 将 54 根编结绳用卷结的挂绳方法（p.68），从芯绳的中间向两端各挂 27 根。

❷ 以 4 根绳子为 1 组，不留行距地编 6 行 1 次平结的七宝结（p.71）。

❸ 以 4 根绳子为 1 组，编 10 次左上扭结（p.72）。

❹ 步骤❷、❸再重复编 3 次，步骤❷再重复编 1 次（如图所示，挪动绳子位置编结）。共编 2 片包身。

用 90cm 长的连接提手用绳将木提手缝在包身上。将缝合起点和终点的绳子端头在包身背面编平接结。在绳结上涂抹胶水，晾干，绳子端头保留 0.5cm 后剪断。

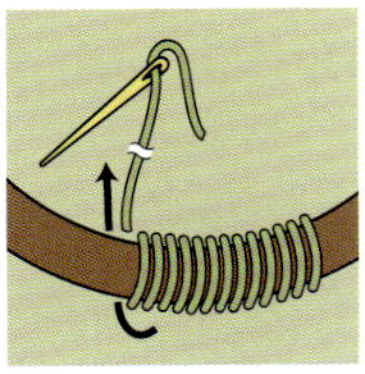

❼ 在距包口 5cm 处缝上木提手。

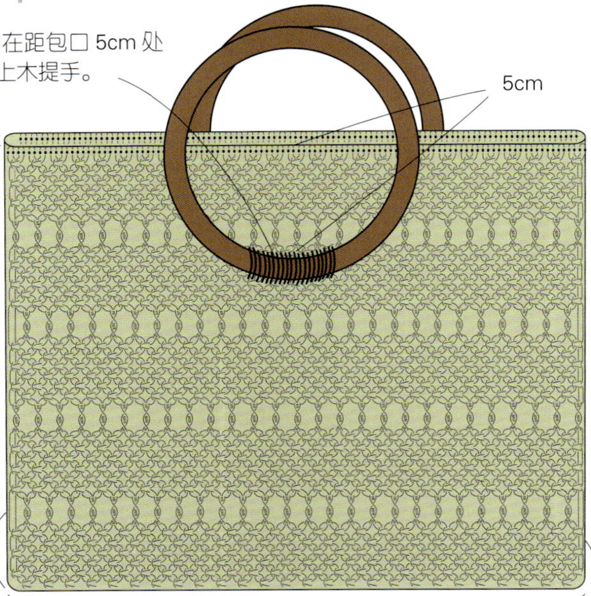

❻ 分别用左、右两侧的 2 根芯绳缝合两侧边。

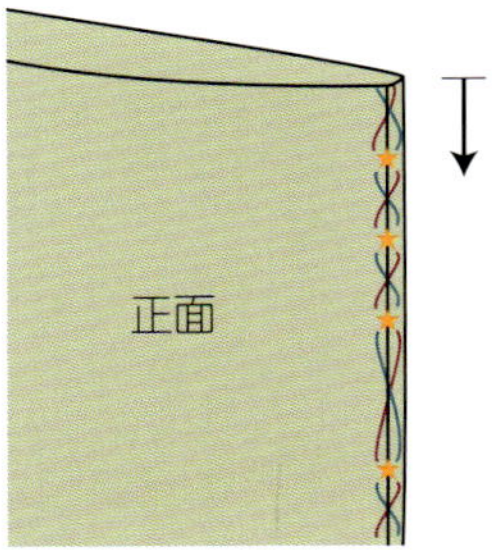

将 2 片包身背面相对，两侧边对齐，将每侧的 2 根芯绳交叉穿过★处。绳子端头在底部的背面编平接结，在绳结上涂抹胶水，晾干，绳子端头保留 0.5cm 后剪断。

包身的编结方法

（2片）

❺将2片包身正面相对，底部对齐放置，将底部2根（左、右两端为1根）绳子分为1组，2片包身底部位于相同位置的2根绳子一起编结实的平接结（p.69）。在绳结上涂抹胶水，晾干，绳子端头保留0.5cm后剪断。

p.7　作品8

***绳子**

HEMP TWINE 中
自然白色（321）
　芯绳…150cm，2根
　编结绳A…150cm，20根
　缝合绳…50cm，2根
　捆扎结用绳…40cm，2根
　纽襻用绳…100cm，1根
　连接扣子用绳…15cm，1根
红色（329）
　编结绳B…150cm，22根

***其他**

植鞣皮绳
（812，5mm宽，棕色）…25cm，1根
金属扣子
（AC315，直径20mm，古银色）…1颗
迷你龙虾扣
（S1070，银色）…2个
双层圆环
（直径1cm，银色）…2个

***尺寸**

18cm×12cm

● =连接扣子、纽襻位置

包身的编结方法（2片）

❶ 将10根编结绳A、11根编结绳B，用卷结的挂绳方法（p.68），从芯绳的中间挂向两端。

❷ 以4根绳子为1组，不留行距地编11行4次平结的七宝结（参考p.71『2次平结的七宝结』）。两侧边将芯绳用作编结绳。共编2片包身。

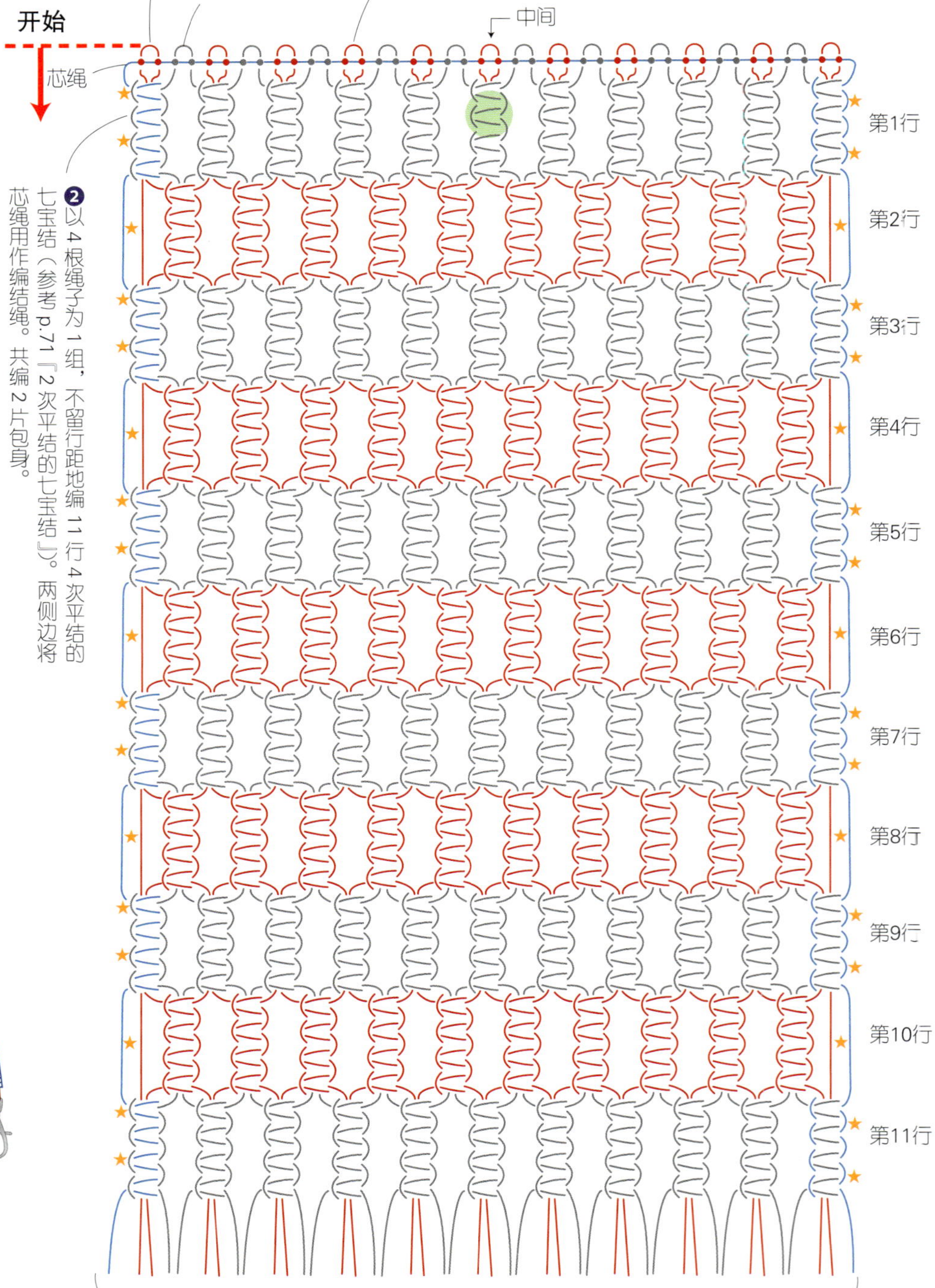

❸ 将2片包身正面相对，底部对齐放置，将2片包身底部位于相同位置的2根（左、右两端为1根）同色绳一起编结实的平接结（p.69）。在绳结上涂抹胶水，晾干，绳子端头保留0.5cm后剪断。

❼ 将皮绳穿过龙虾扣的孔，皮绳端头弯折2.5cm。涂抹胶水黏合，用捆扎结用绳以弯折的皮绳为芯绳编1.5cm长的捆扎结（p.69）。

❽ 在两侧边包口处连接双层圆环，将龙虾扣挂在圆环上。

❺ 制作纽襻，从后片包口中间穿入，在背面编平接结。

❻ 将连接扣子用绳穿过金属扣子的孔，再将绳子两端从前片包口中间穿入，在背面编平接结。

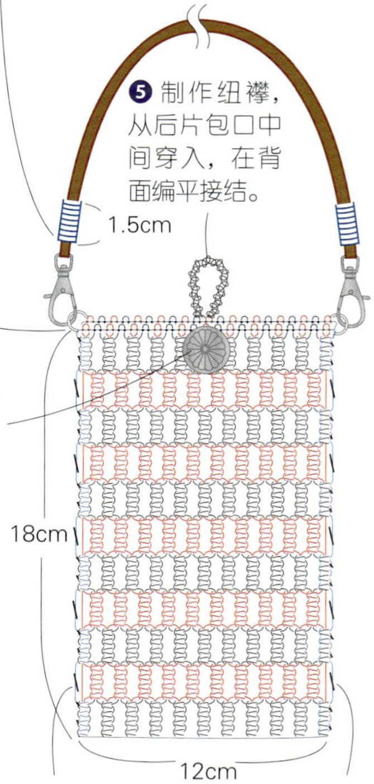

❹ 将2片包身背面相对两侧边对齐，将缝合绳穿过★处缝合。

步骤❺中纽襻的制作方法

将纽襻用绳对折，编12cm长的左右结（p.70）。如图所示将右侧的绳子穿入★处的绳圈中，做成纽襻。

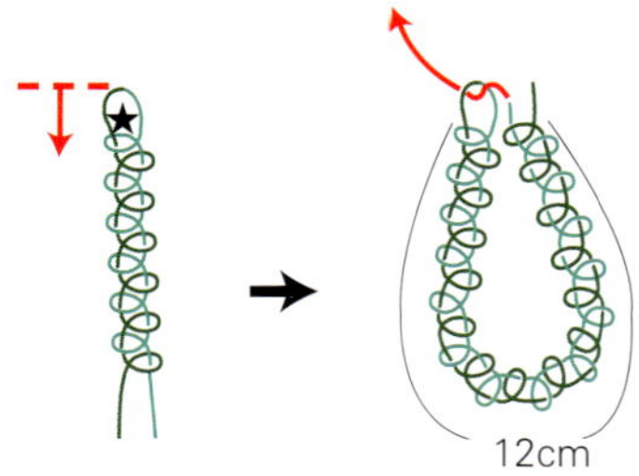

p.9　作品11　p.11　作品14

***绳子**

作品11　Jute Code 细
　白色（382）
　　编结绳A…700cm，4根
　　编结绳B…300cm，4根
　　捆扎结用绳…80cm，2根

作品14　HEMP TWINE 中
　洋红色（335）
　　编结绳A…430cm，4根
　　编结绳B…180cm，4根
　　捆扎结用绳…50cm，2根

***其他**

作品11　金属圆环
　（MA2302，内径3cm）…1个

作品14　钥匙圈
　（S1014，内径25mm，银色）…1个

***尺寸**

作品11　长115cm（不含金属圆环）

作品14　长70cm（不含钥匙圈）

蓝色字=作品11
红色字=作品14
黑色字=通用

编结方法

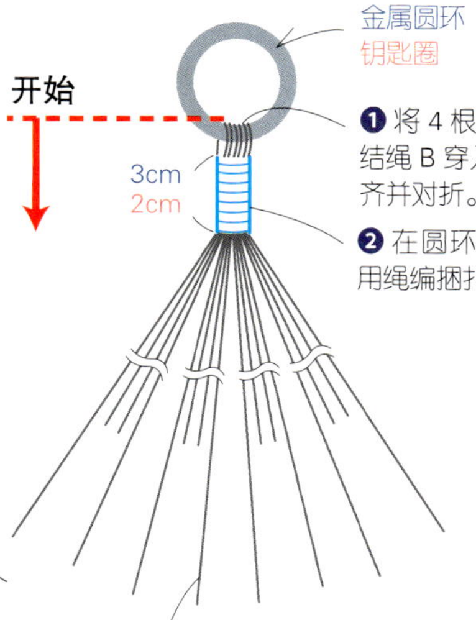

❶ 将 4 根编结绳 A 和 4 根编结绳 B 穿入圆环中，在中间对齐并对折。

❷ 在圆环的下面，用捆扎结用绳编捆扎结（p.69）。

❸ 以编结绳 A、编结绳 B 各 2 根的 4 根绳子为 1 组，将编结绳分为 4 组。

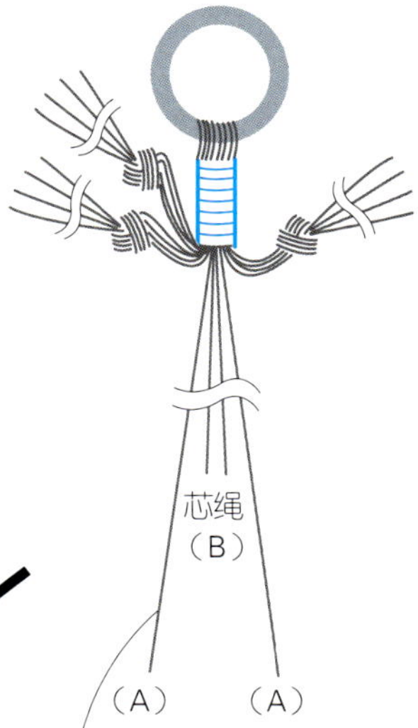

❹ 将 2 根编结绳 B 放在内侧作为芯绳，开始编结。
※ 其余 3 组绳子先轻轻打结放在旁边。

❺ 编左上扭结（p.72）。

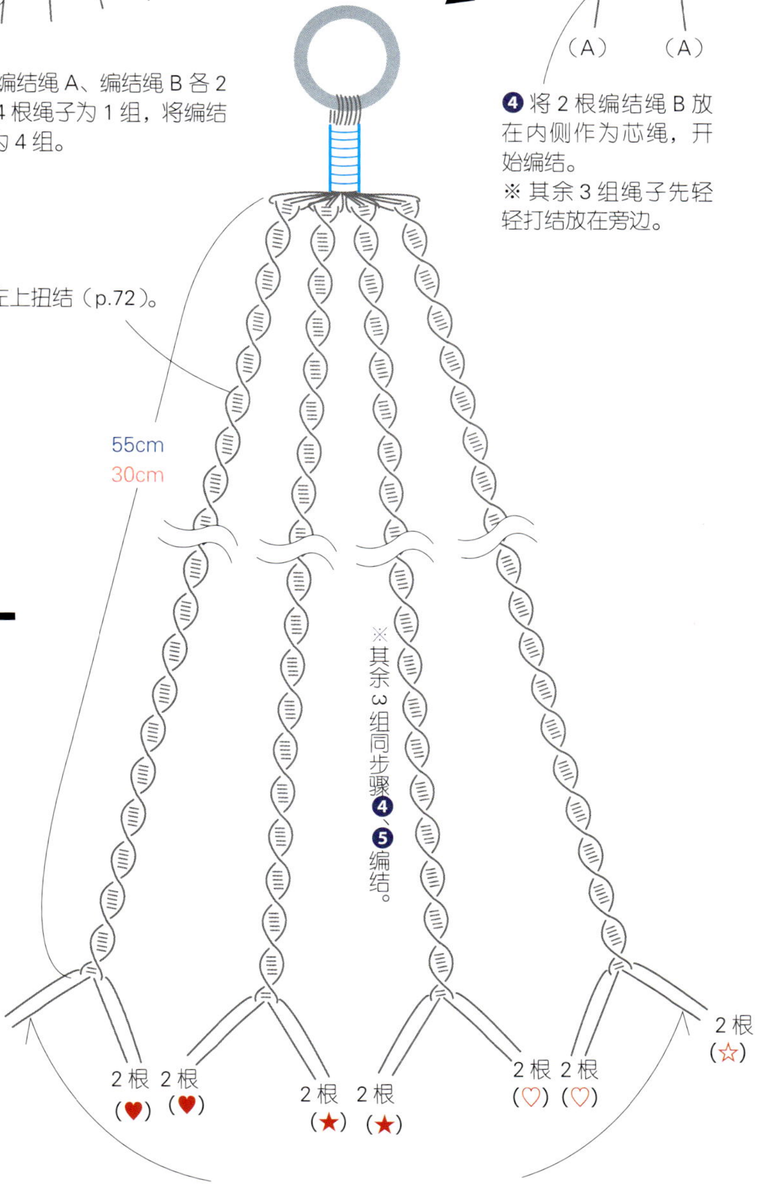

相同标记的 4 根绳子为 1 组继续步骤 ❻ 的编结，编成桶状。

步骤 ❺ 的结尾 →

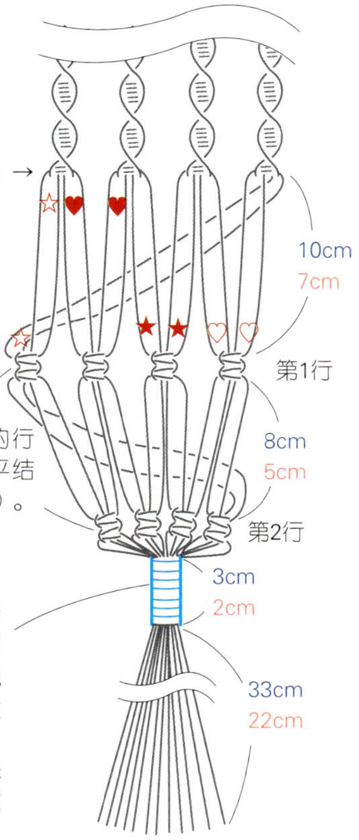

❻ 留指定长度的行距，编2行2次平结的七宝结（p.71）。

❼ 在第2行的下面，用捆扎结用绳编指定长度的捆扎结，绳子端头保留指定长度后剪断。

p.8　作品9、10

***绳子**
Cotton Special 3mm
作品9　象牙白色（1021）
作品10　蓝色（1027）
　编结绳A…400cm，3根
　编结绳B…200cm，3根
　捆扎结用绳…60cm，2根
***其他**
金属圆环（MA2302，内径3cm）…1个
***尺寸**
长85cm（不含金属圆环）

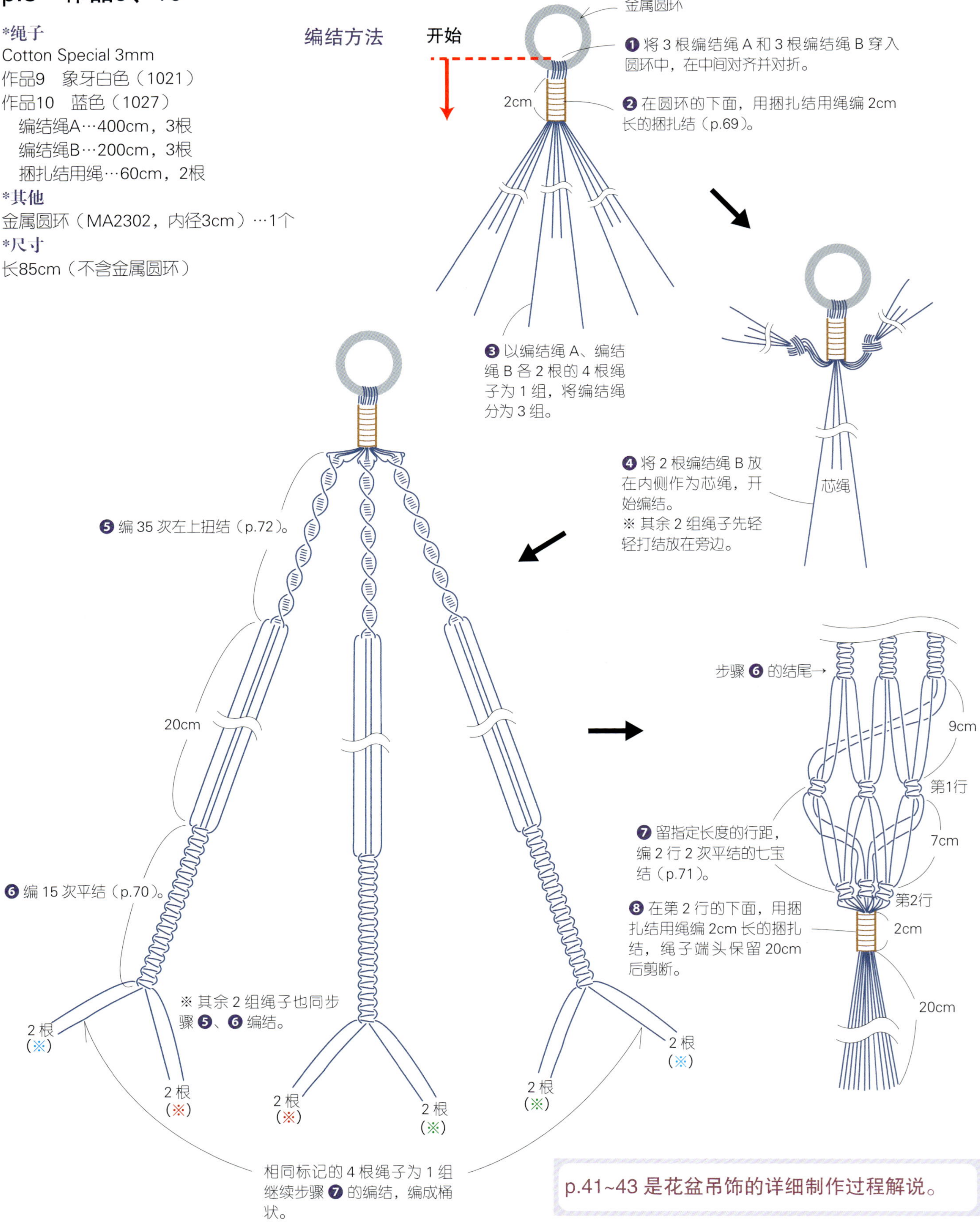

p.41~43 是花盆吊饰的详细制作过程解说。

作品9、10 花盆吊饰的制作方法

※为了将步骤看得更清楚，使用了与作品不同颜色的绳子制作。

挂绳子

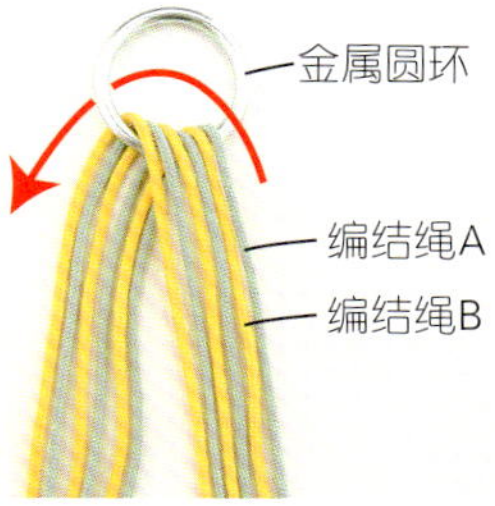

1 将3根编结绳A和3根编结绳B交叉并排码放，穿入金属圆环，在中间对齐并对折。

2 使用1根捆扎结用绳，在金属圆环的下方，编2cm长的捆扎结（p.69）。

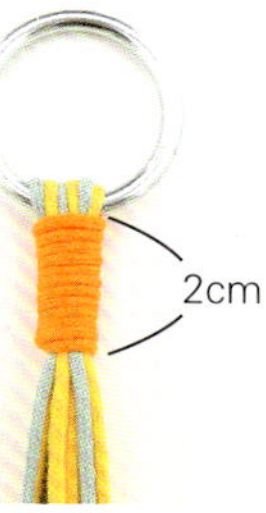

3 编好了捆扎结的样子。

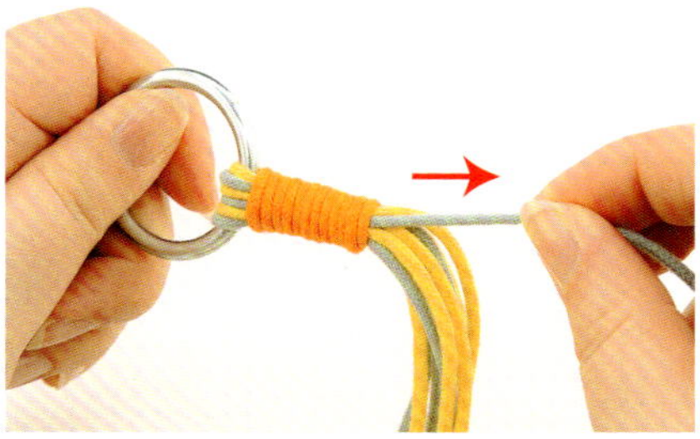

4 左手捏住圆环，将编结绳一根一根拉紧。

制作吊绳部分

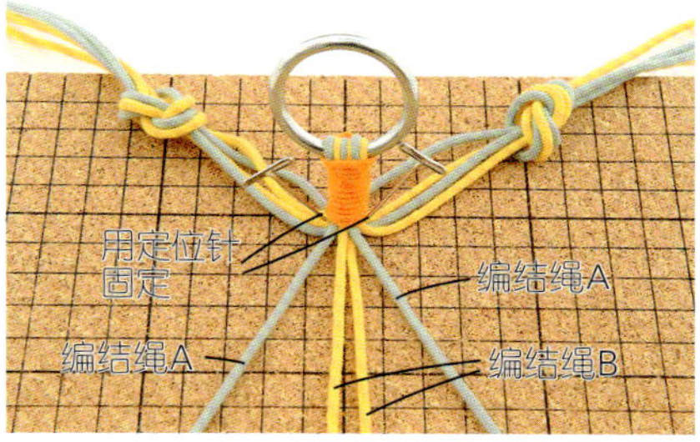

5 以编结绳A、编结绳B各2根的4根绳子为1组，将编结绳分为3组。留1组绳子，其余2组绳子先轻轻打结放在旁边，如图所示用定位针固定在软木垫板上。

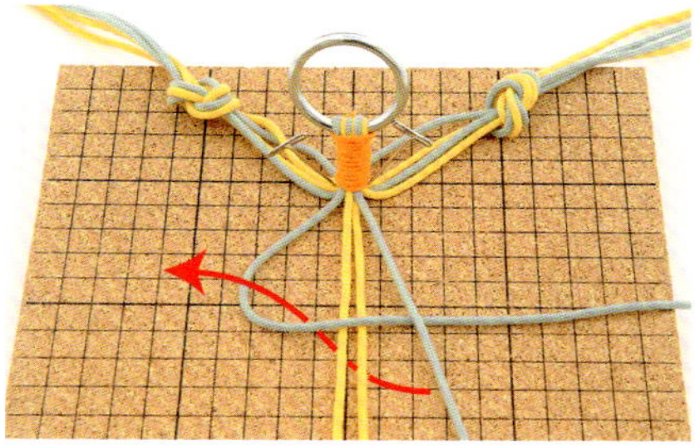

6 以编结绳B为芯绳，用编结绳A编左上扭结（p.72）。

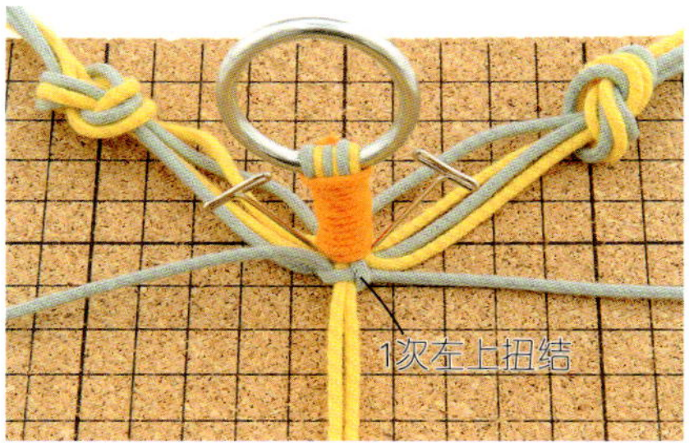

7 编好了1次左上扭结。

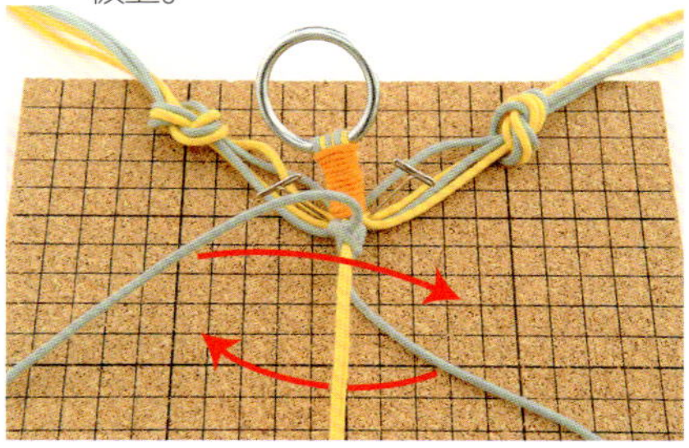

8 重复编结就自然地出现扭转，每编5次，将绳子按照箭头方向左右换位1次。

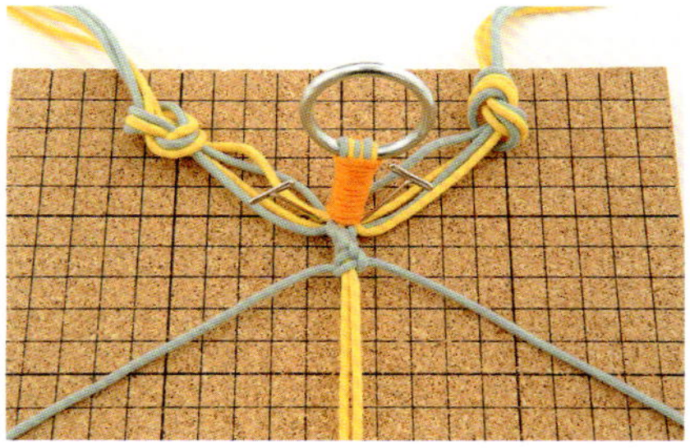

9 换好位置的样子。按照相同的方法编左上扭结，同时每编5次，将绳子左右换位1次。

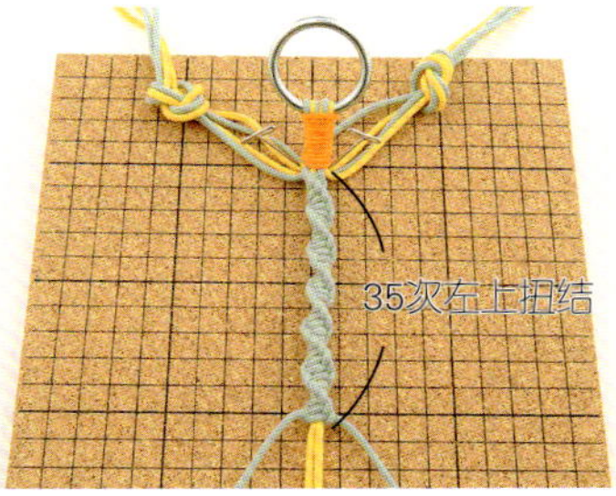

10 编好了35次左上扭结。

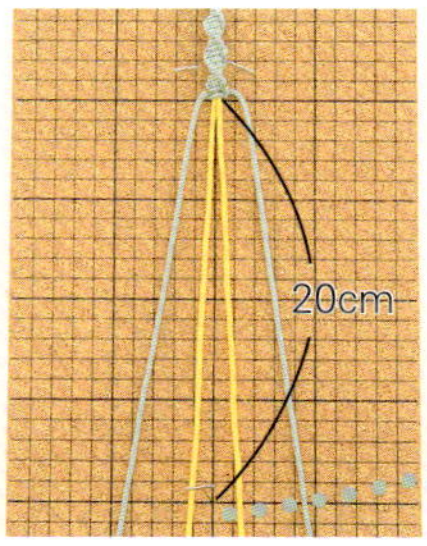

11 在下方距最后的绳结20cm处，垂直插入定位针。

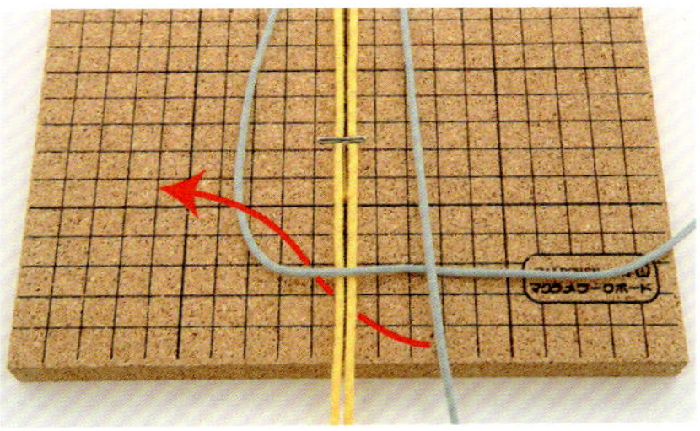

12 在定位针的位置编平结（p.70）。

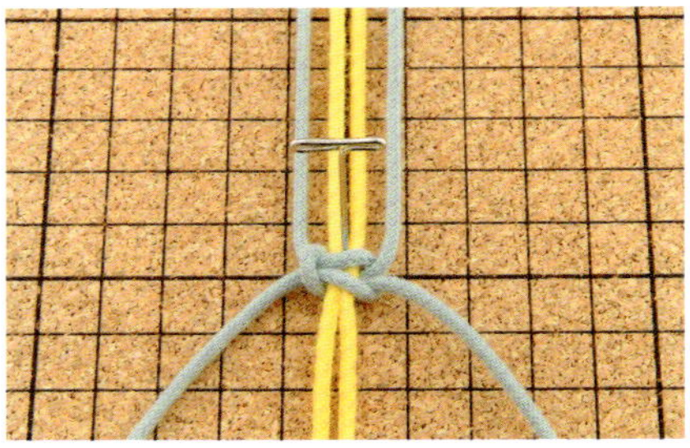

13 在间隔20cm处，编好了1次平结。

重点

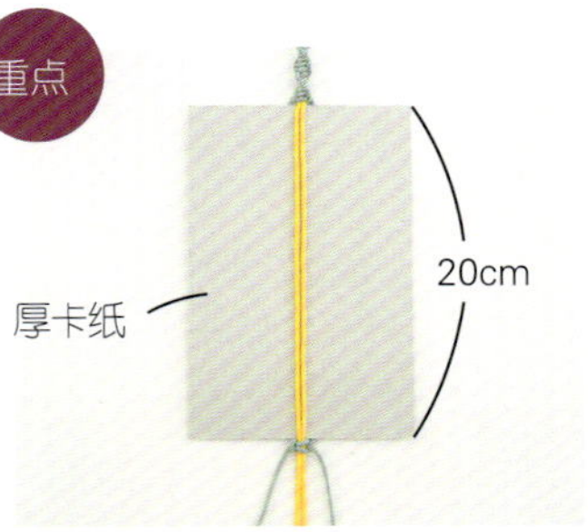

如果没有软木垫板和定位针，可以将厚卡纸剪成需要的宽度，然后将厚卡纸夹在芯绳和编结绳之间，在厚卡纸的下缘编平结。

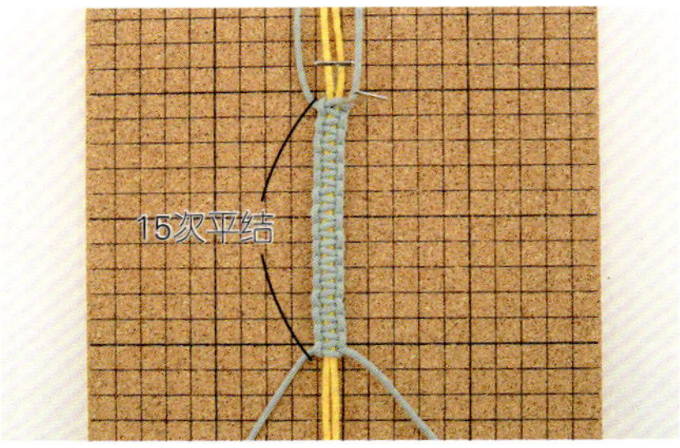

14 继续编平结。编好了15次平结。

15 编好了1组吊绳。按照与步骤**6～14**相同的方法，编其余2组绳子。

16 编好了3组吊绳的样子。

制作装花盆的部分

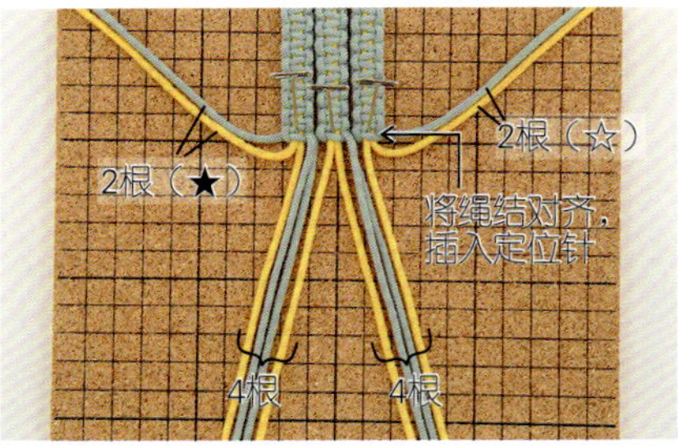

17 将3组吊绳的平结正面朝上并排码放。将最后的绳结对齐，插入定位针，将绳子如图所示分开。

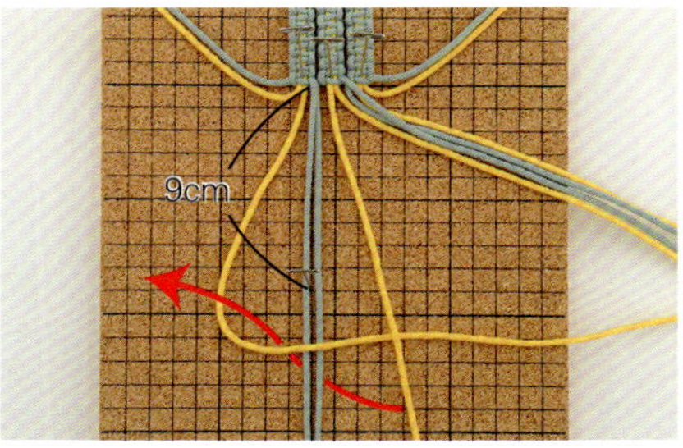

18 在距最后的绳结9cm处，插入定位针，以编结绳A为芯绳，4根绳子为1组，编2次平结。

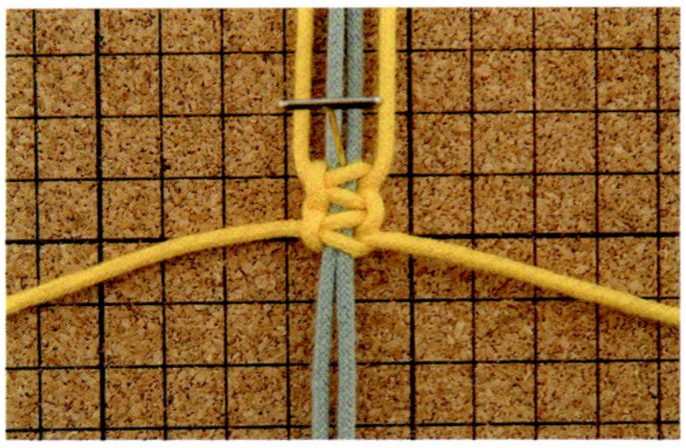

19 编好了2次平结的样子。

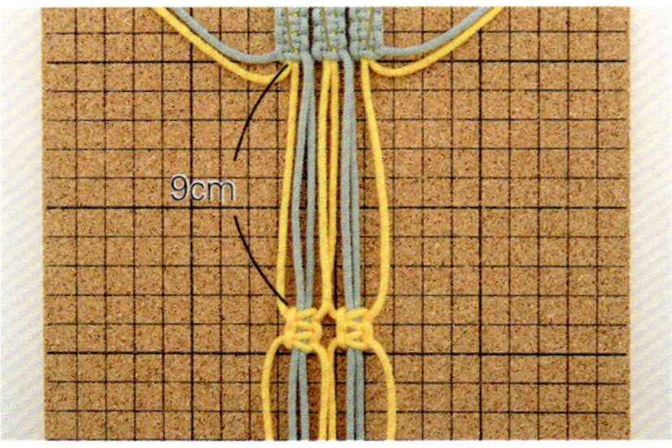

20 按照相同的方法，用另一组的4根绳子编2次平结。

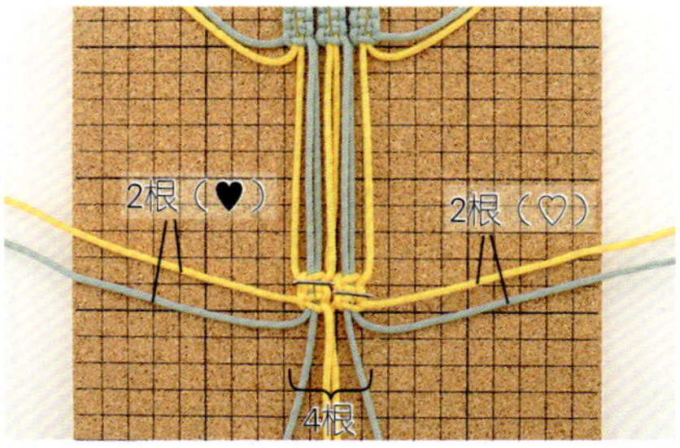

21 将步骤**19**、**20**的平结用定位针固定，再将绳子如图所示分开。

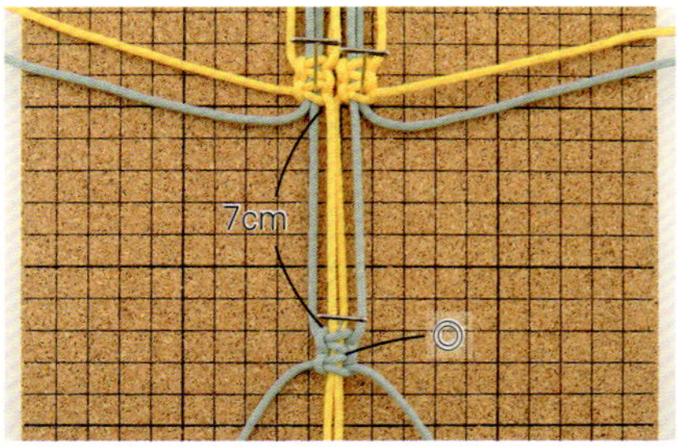

22 在距步骤**20**最后的绳结7cm处，插入定位针，以编结绳B为芯绳，4根绳子为1组，编2次平结。

23 制作到这里的样子。

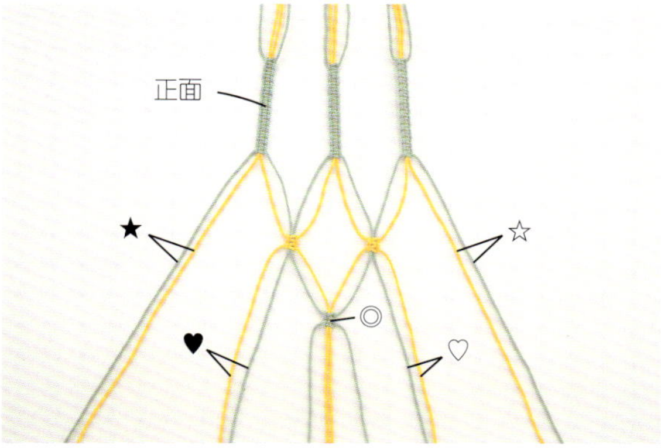

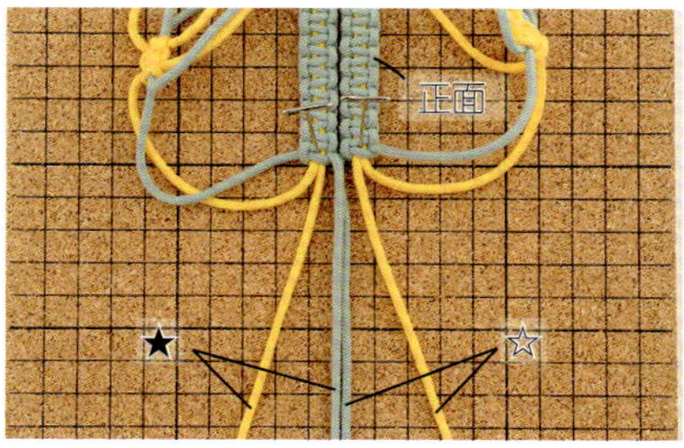

24 将平结正面朝上，为了编成桶状，将步骤17中位于外侧的☆、★处的绳子并排码放，对齐最后的绳结，插入定位针。

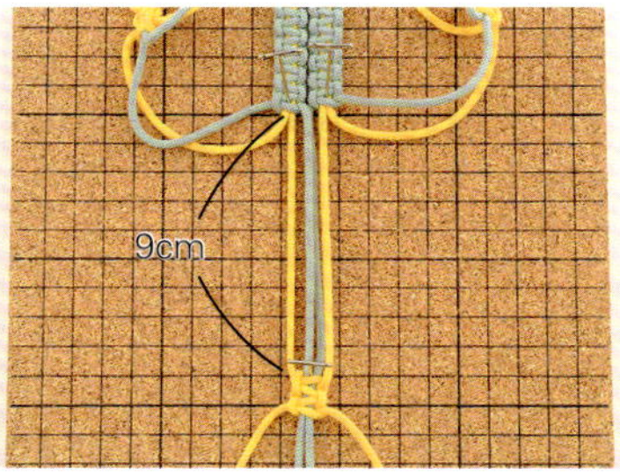

25 留9cm的行距，插入定位针，以编结绳A为芯绳，编2次平结。

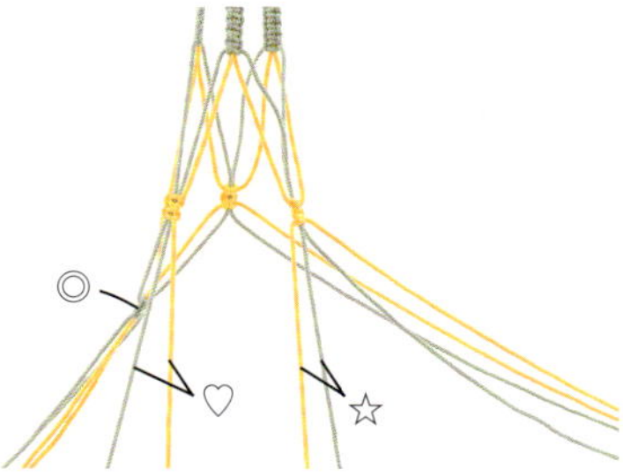

26 然后，将☆和♡处的4根绳子并排码放。

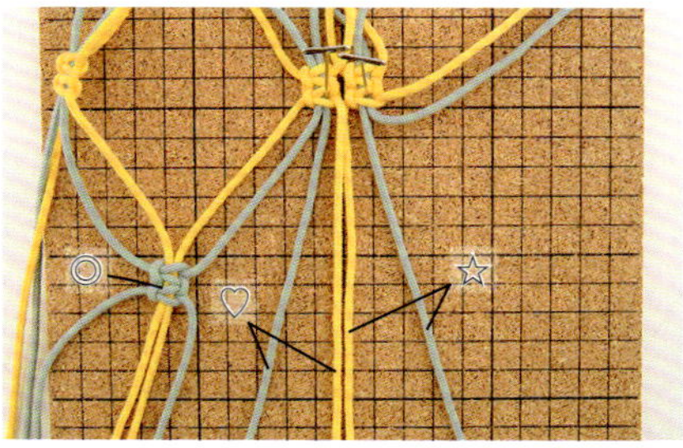

27 对齐最后的绳结，插入定位针。

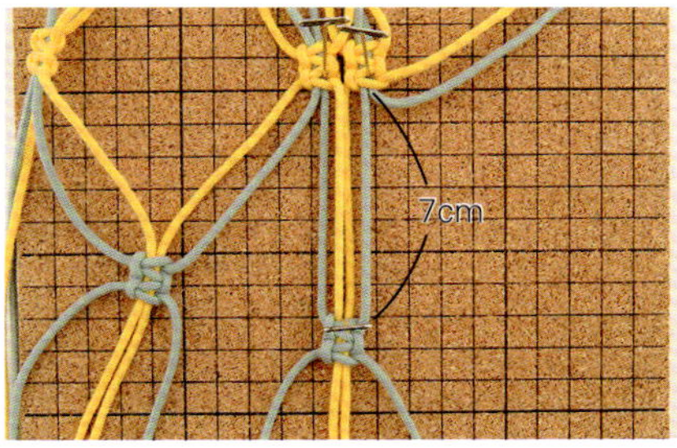

28 留7cm的行距，插入定位针，以编结绳B为芯绳，编2次平结。

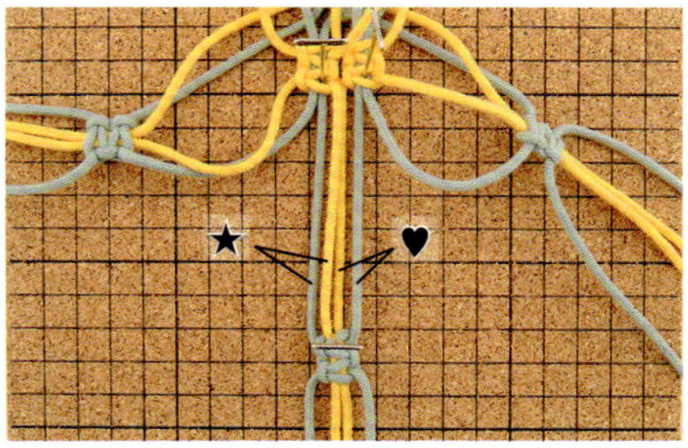

29 按照相同的方法，其余4根绳子（★和♥处的绳子）也留7cm的行距，插入定位针，以编结绳B为芯绳，编2次平结。

编底

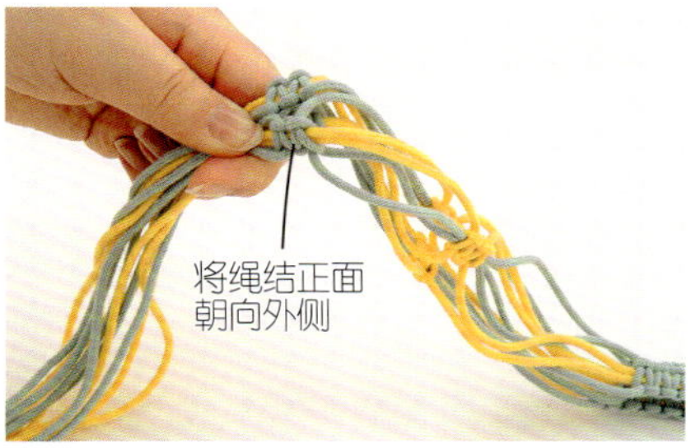

30 注意编好的绳子不要扭缠，绳结的正面均朝向外侧，握住最后的绳结下方的绳子。

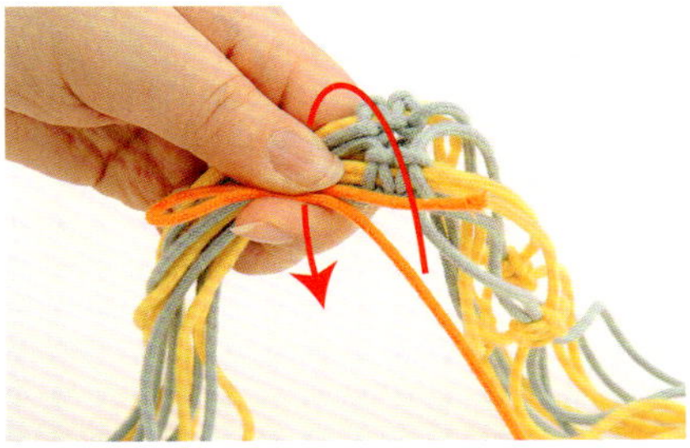

31 使用捆扎结用绳，在最后的绳结下方编2cm长的捆扎结。

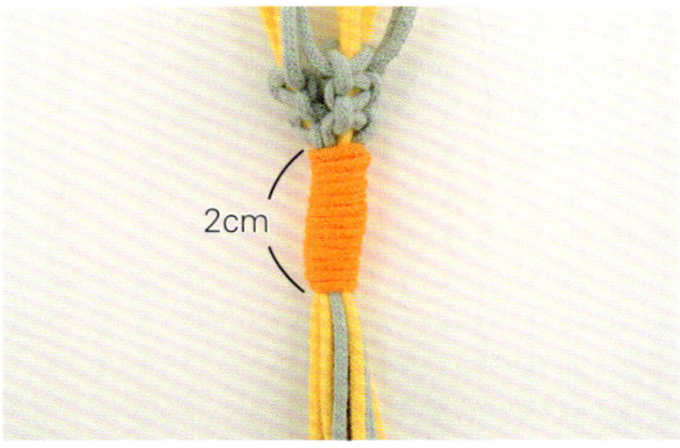

32 编好了捆扎结的样子。

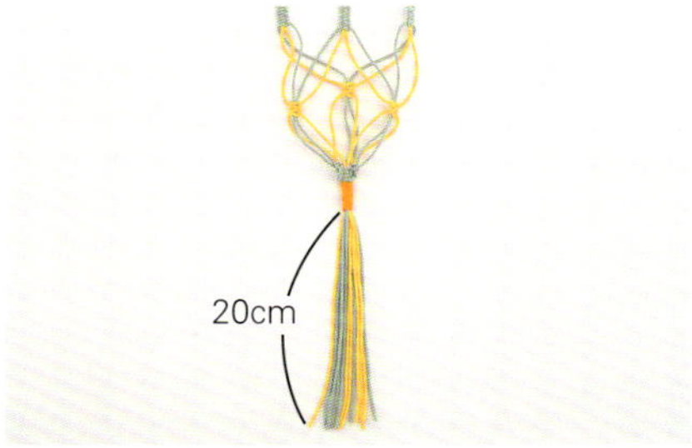

33 绳子端头保留20cm后剪断。

p.10　作品12

***绳子**

marchen outdoor cord

草莓色迷彩花纹（1642）

编结绳…230cm，8根

捆扎结用绳…100cm，1根

***尺寸**

长55cm

编结方法

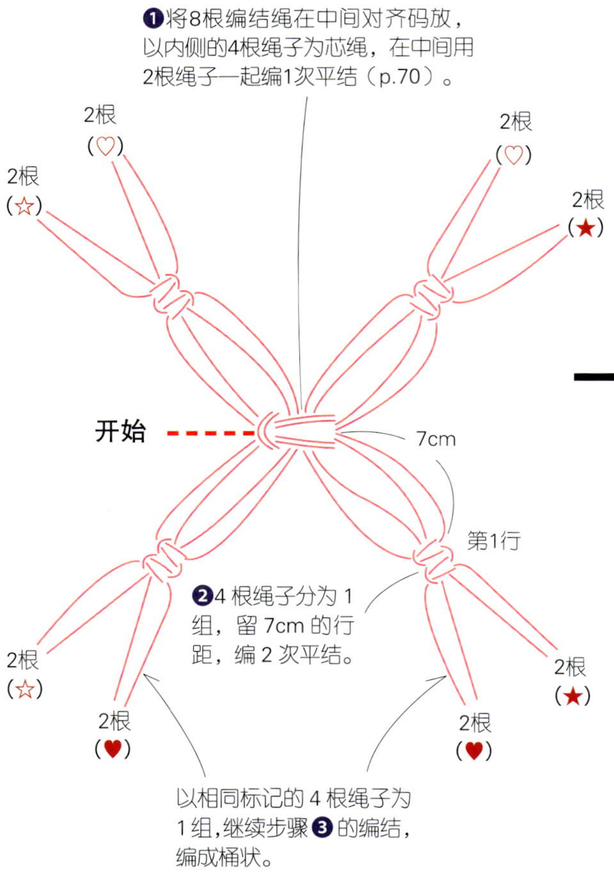

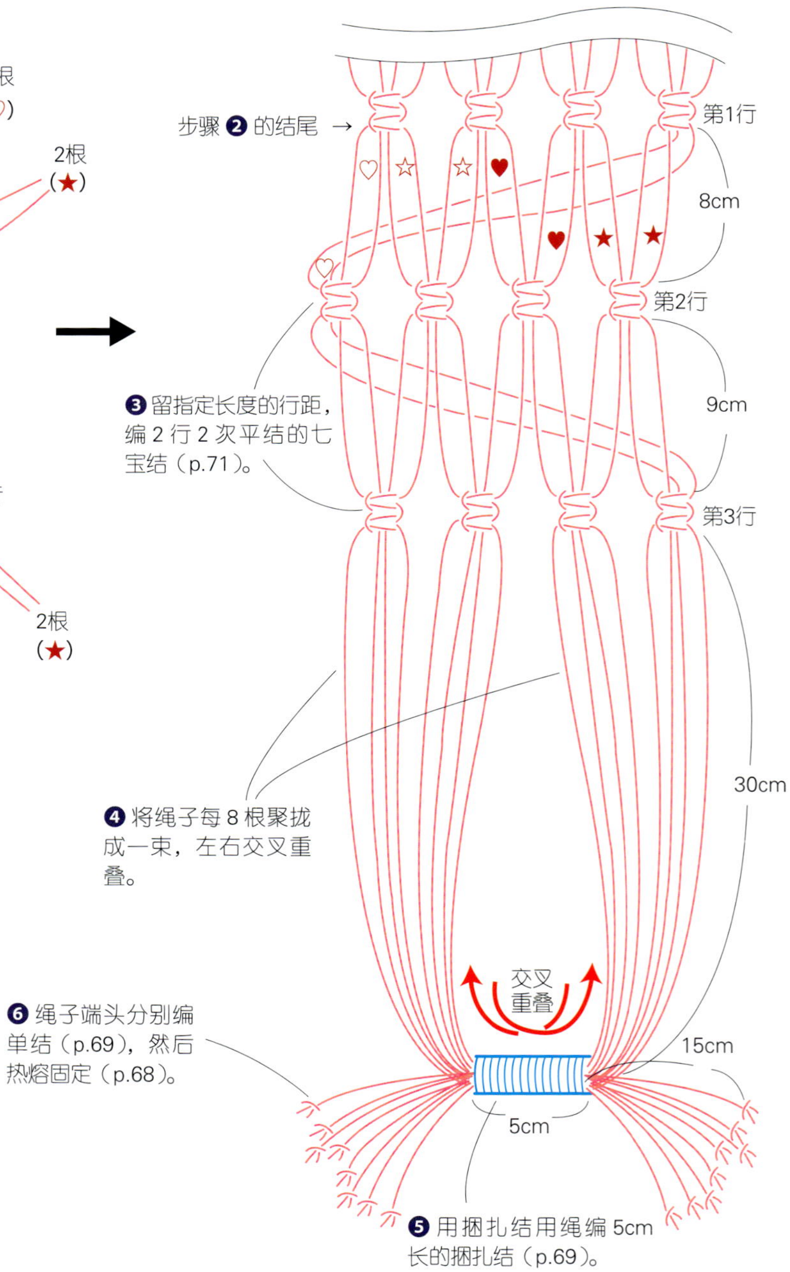

p.11　作品13、15

*绳子
HEMP TWINE 中
作品13　浅棕色（322）
作品15　苔绿色（323）
　编结绳…230cm，6根
　捆扎结用绳…50cm，2根
*其他
钥匙圈
　（S1014，内径25mm，银色）…1个
*尺寸
长68cm（不含钥匙圈）

编结方法

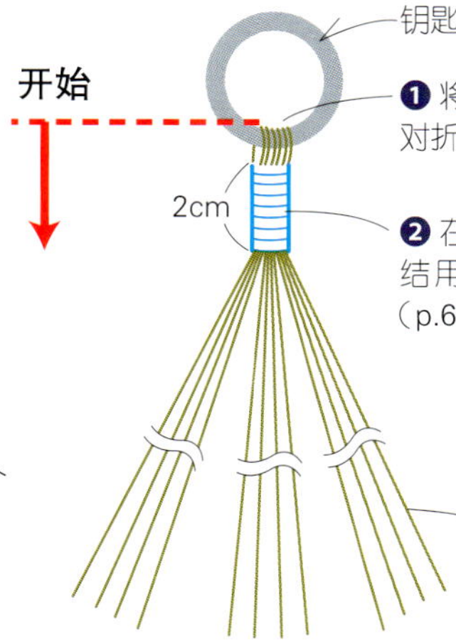

❶ 将 6 根编结绳穿过钥匙圈对折。

❷ 在钥匙圈的下方，用捆扎结用绳编 2cm 长的捆扎结（p.69）。

❸ 以 4 根编结绳为 1 组，分为 3 组。

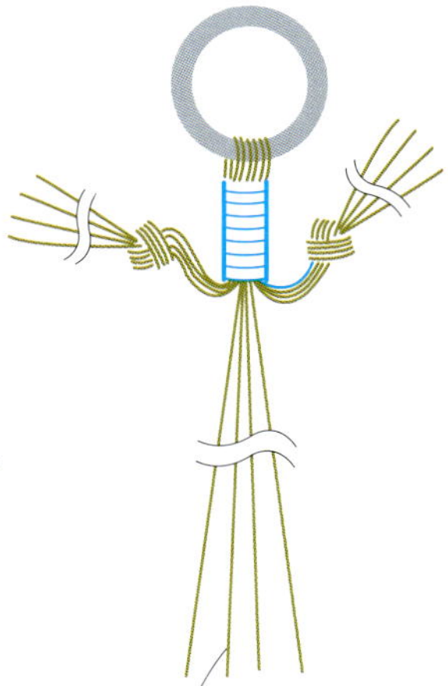

❹ 以 4 根绳子为 1 组，开始编结。
※ 其余 2 组先轻轻打结放在旁边。

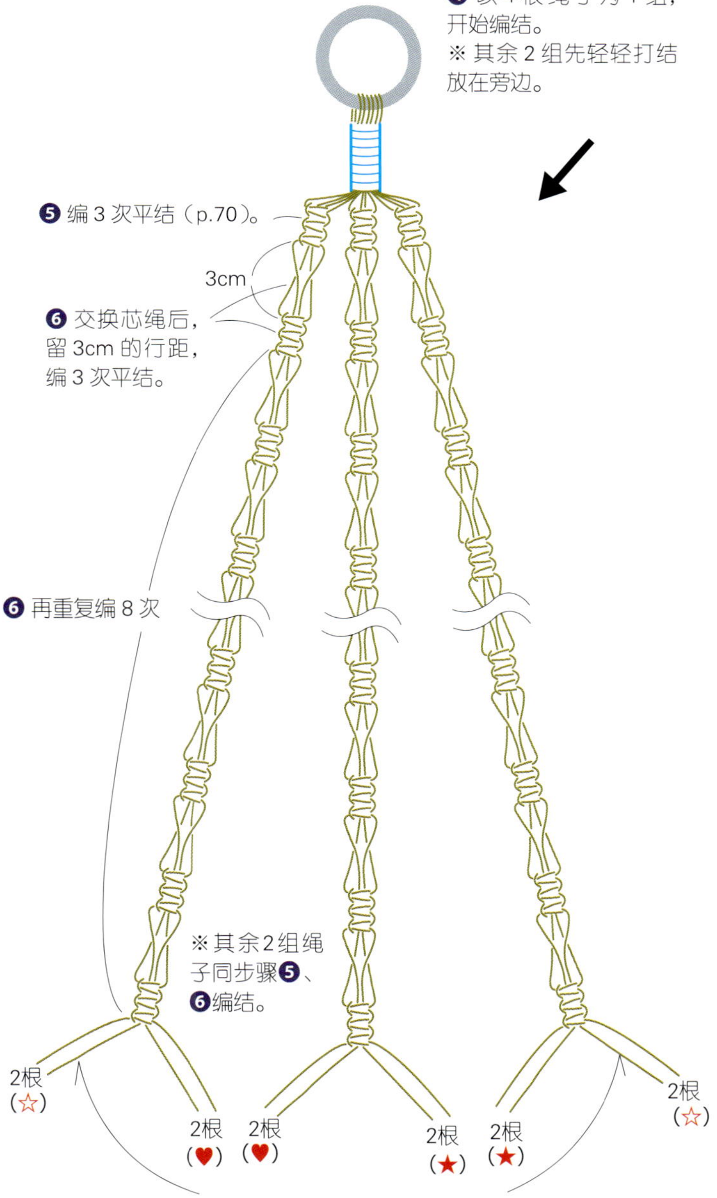

❺ 编 3 次平结（p.70）。

❻ 交换芯绳后，留 3cm 的行距，编 3 次平结。

步骤 ❻ 再重复编 8 次

※其余2组绳子同步骤❺、❻编结。

以相同标记的 4 根绳子为 1 组，继续步骤 ❼ 的编结，编成桶状。

交换平结的芯绳的方法

将之前的编结绳如图所示码放在内侧，将之前的芯绳码放在外侧。以内侧的2根绳子为芯绳，留指定长度的行距，编指定次数（图示中为3次）的平结。一边交换芯绳和编结绳，一边继续编结。

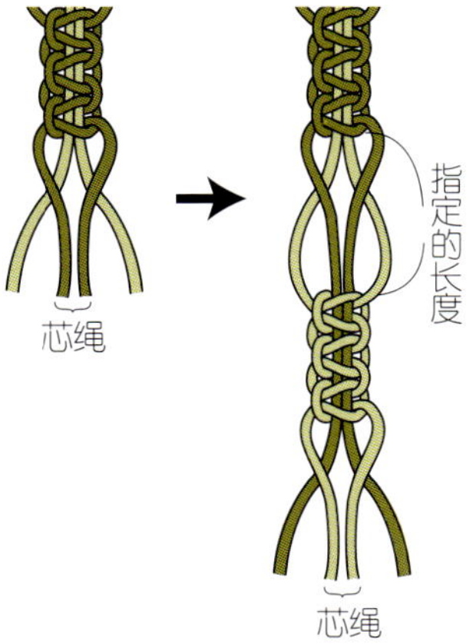

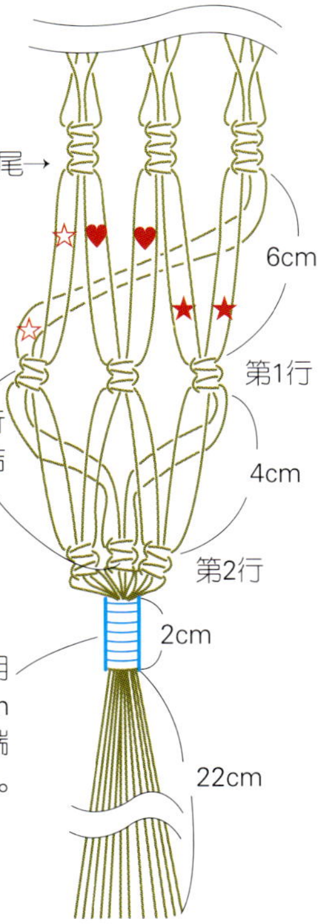

❼ 留指定长度的行距，编 2 行 2 次平结的七宝结（p.71）。

❽ 在绳结的下方，用捆扎结用绳编 2cm 长的捆扎结。绳子端头保留 22cm 后剪断。

p.12　作品16、17、18

***绳子**

Micro Macrame Cord

作品16　灰色（1457）
　　编结绳…120cm，2根
　　平结固定用绳…30cm，1根
　浅灰色（1456）
　　芯绳…70cm，1根

作品17　白色（1441）
　　编结绳…120cm，2根
　　平结固定用绳…30cm，1根
　茶色（1464）
　　芯绳…70cm，1根

作品18　蓝绿色（1449）
　　编结绳…120cm，2根
　　平结固定用绳…30cm，1根
　灰绿色（1450）
　　芯绳…70cm，1根

***其他**

作品16　金属珠子
　　极小珠（AC1643，古铜色）…18颗
　Karen黄铜珠子（AC1149）…3颗

作品17　金属珠子
　　极小珠（AC1642，银色）…18颗
　　条纹小珠（AC1645，银色）…1颗

作品18　优质金属珠子
　　（AC1426，2mm，银色）…18颗
　Karen银珠（AC775）…1颗

***尺寸**

最大手腕周长20cm

步骤 ❶ 中开始的方法

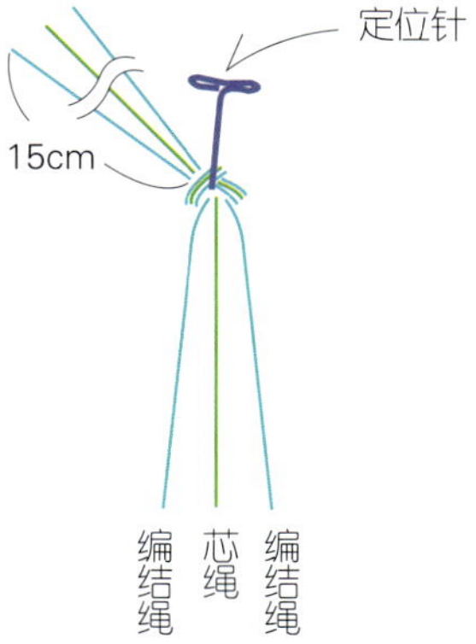

将 2 根编结绳和 1 根芯绳的顶端对齐，上侧留 15cm，3 根绳子一起编单结（p.69），用定位针固定。将芯绳和编结绳如图所示码放，开始编结。

步骤 ❹ 中珠子的穿法

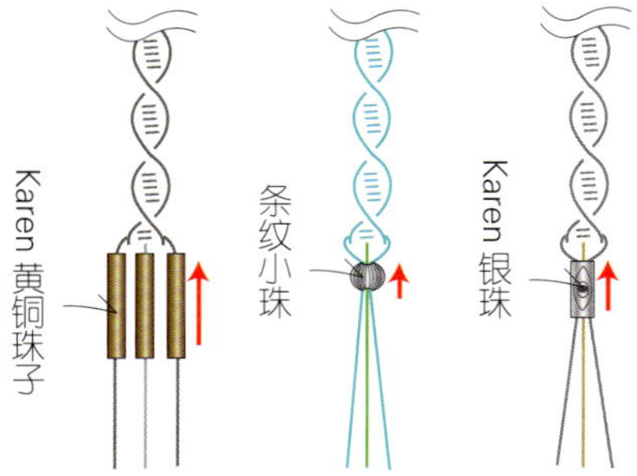

作品 16 分别将 1 根绳子穿入 1 颗 Karen 黄铜珠子。
作品 17 将 3 根绳子穿入 1 颗条纹小珠。
作品 18 将 3 根绳子穿入 1 颗 Karen 银珠。

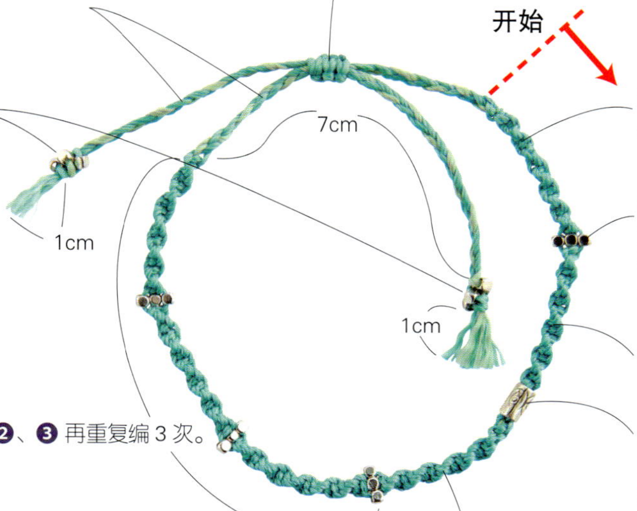

❶ 在上侧留 15cm 的绳子，编 20 次左上扭结（p.72）。

❷ 将 1 根芯绳、2 根编结绳分别穿入 1 颗珠子。（作品 16、17 是极小珠，作品 18 是优质金属珠子）

❸ 编 20 次左上扭结。

❹ 将 1 根芯绳和 2 根编结绳穿入珠子。（作品 16 是 Karen 黄铜珠子，作品 17 是条纹小珠，作品 18 是 Karen 银珠）

❺ 编 20 次左上扭结。

❻ 步骤 ❷、❸ 再重复编 3 次。

❼编7cm长的三股编（p.69）。起点一侧也将开始的单结拆开，同样编三股编。

❽ 将 1 根芯绳、2 根编结绳分别穿入 1 颗珠子。将穿过珠子的 3 根绳子一起编单结。绳子端头散开，保留 1cm 后剪断。（作品 16、17 是极小珠，作品 18 是优质金属珠子）

❾ 将三股编的部分交叉重叠，以交叉重叠部分为芯绳，用平结固定用绳编 3 次平结（p.70）。绳子端头热熔固定（p.68）。
※ 起点编法参考“加入编结绳的平结编法”（p.70）。

p.13　作品19

***绳子**
Micro Macrame Cord
茶色（1464）
　编结绳A…170cm，2根
灰色（1457）
　编结绳B…100cm，1根
　编结绳C…140cm，1根
　平结固定用绳…30cm，1根
深灰色（1462）
　编结绳D…140cm，1根
　编结绳E…140cm，1根

***其他**
Cast Pewter 配件
　（AC469）…1个
　（AC1251）…2个
　（AC1252）…3个
　（AC451）…1个

***尺寸**
颈部周长59cm

步骤 ❶ 中开始的方法

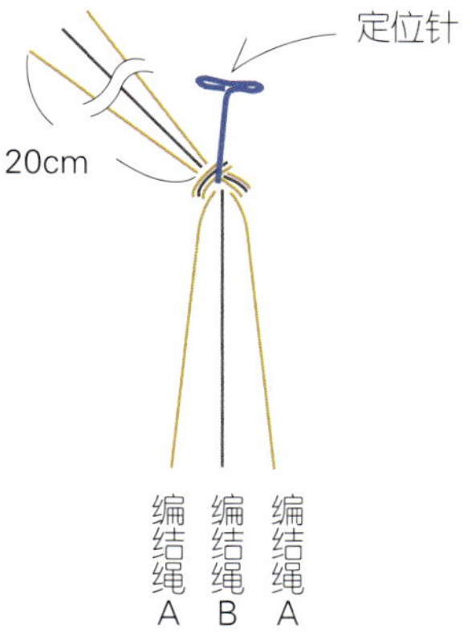

将 2 根编结绳 A 和 1 根编结绳 B 的顶端对齐，上侧留 20cm，3 根绳子一起编单结（p.69），用定位针固定。将绳子如图所示并排码放，以编结绳 B 为芯绳开始编结。

步骤 ❷、❹、❼、❾ 中 Cast Pewter 配件的穿法

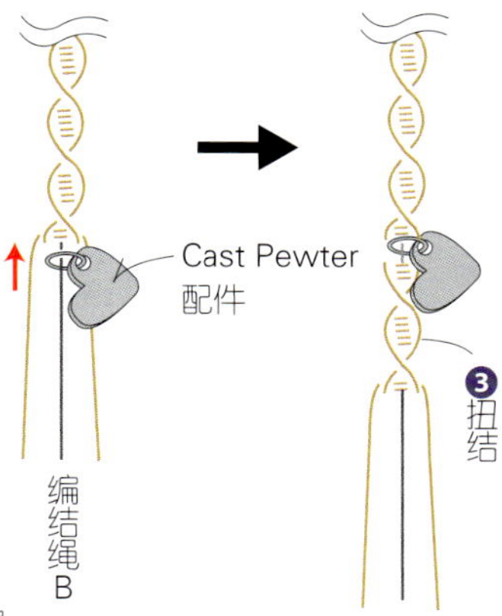

将编结绳 B 从 Cast Pewter 配件的圆环穿过。不留空隙，继续编左上扭结。

步骤 ⓫ 中 Cast Pewter 配件的穿法、编结方法

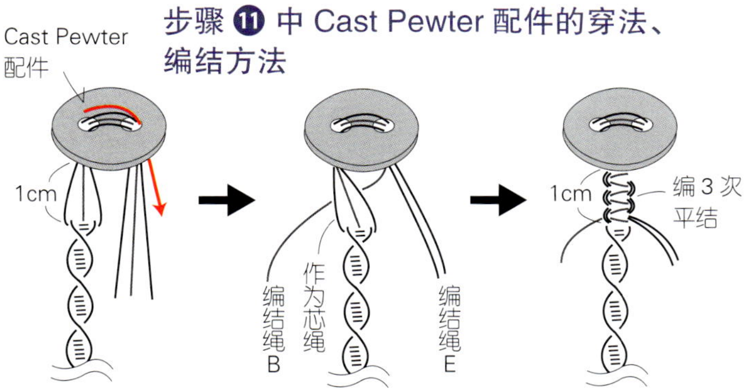

将 1 根编结绳 B 和 2 根编结绳 E 如图所示穿过 Cast Pewter 配件的孔，与绳结之间留 1cm 的空距。

将 1 根编结绳 B 和 2 根编结绳 E 左、右分开。

以空出的 1cm 部分为芯绳，编 3 次平结。

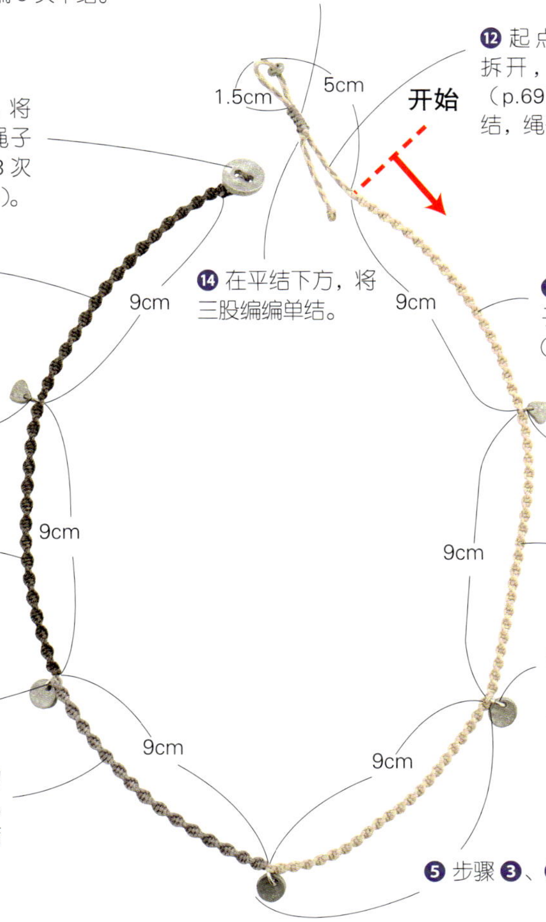

⓭ 在三股编上穿入 Cast Pewter 配件（AC451），如图所示在 5cm 处弯折。以三股编的部分为芯绳，在距弯折位置 1.5cm 处，用平结固定用绳编 5 次平结。绳子端头热熔固定。
※ 起点编法参考“加入编结绳的平结编法”。

⓬ 起点一侧将开始的单结拆开，编 12cm 长的三股编（p.69）。用3根绳子一起编单结，绳子端头热熔固定。

⓫ 将 2 根编结绳 D 在绳结的边缘剪断。将 1 根编结绳 B 和 2 根编结绳 E 共 3 根绳子穿过 Cast Pewter 配件（AC469），编 3 次平结（p.70）。绳子端头热熔固定（p.68）。

⓮ 在平结下方，将三股编编单结。

⓾ 以 1 根编结绳 B 和 2 根编结绳 D 为芯绳，用编结绳 E 编 9cm 长的左上扭结。
※ 编结绳 E 的起点编法参考“加入编结绳的平结编法”。

❶ 在上侧留 20cm 的绳子，编 9cm 长的左上扭结（p.72）。

❾ 将 2 根编结绳 C 在绳结的边缘剪断。在编结绳 B 上穿入 1 个 Cast Pewter 配件（AC1251）。

❷ 在编结绳 B 上穿入 1 个 Cast Pewter 配件（AC1251）。

❽ 以 1 根编结绳 B 和 2 根编结绳 C 为芯绳，用编结绳 D 编 9cm 长的左上扭结。
※ 编结绳 D 的起点编法参考“加入编结绳的平结编法”。

❸ 以编结绳 B 为芯绳，编 9cm 长的左上扭结。

❼ 将 2 根编结绳 A 在绳结的边缘剪断。在编结绳 B 上穿入 1 个 Cast Pewter 配件（AC1252）。

❹ 在编结绳 B 上穿入 1 个 Cast Pewter 配件（AC1252）。

❻ 以 2 根编结绳 A 和 1 根编结绳 B 为芯绳，用编结绳 C 编 9cm 长的左上扭结。
※ 编结绳 C 的起点编法参考“加入编结绳的平结编法”（p.70）。

❺ 步骤 ❸、❹ 再重复编 1 次。

p.14　作品20、21

***绳子**
Micro Macrame Cord
作品20
　浅棕色（1454）
　　编结绳A…110cm，2根
　棕色（1453）
　　编结绳B…100cm，1根
　　编结绳C…15cm，1根
　　编结绳D…40cm，3根
　　编结绳E…150cm，3根
作品21
　白色（1441）
　　编结绳A…110cm，2根
　茶色（1464）
　　编结绳B…100cm，1根
　　编结绳C…15cm，1根
　　编结绳D…40cm，3根
　浅灰色（1456）
　　编结绳E…150cm，3根

***其他**
作品20
　能量宝石 蛋面形
　　（AC1155，绿松石）…1颗
　金属珠子
　　极小珠（AC1641，金色）…6颗
作品21
　能量宝石 蛋面形
　　（AC1151，粉晶）…1颗
　金属珠子
　　极小珠（AC1642，银色）…6颗

***尺寸**
颈部周长最长90cm

p.49～52是吊坠的详细制作过程解说。

步骤❸中编结绳D的三股编开始的方法

将3根编结绳D的顶端对齐，上侧留2cm，3根绳子一起编单结（p.69），用定位针固定，然后编30cm长的三股编。终点也编单结，保留2cm后剪断绳子。

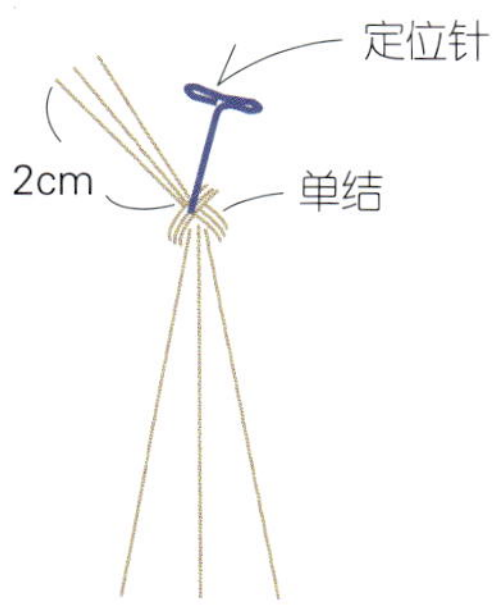

步骤❹中编结绳E的三股编开始的方法

将3根编结绳E的顶端对齐，上侧留5cm，3根绳子一起编单结，用定位针固定，然后编110cm长的三股编。终点也编单结，保留5cm后剪断绳子。

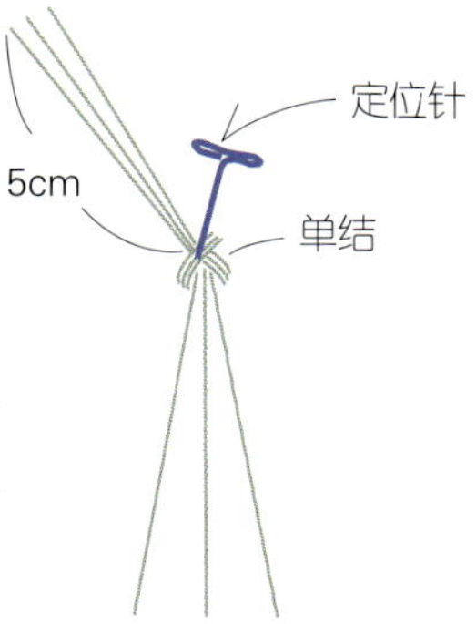

↓

在起点和终点的每根绳子的端头穿入1颗金属珠子，如图所示留0.8～1.2cm编单结。绳子端头热熔固定。

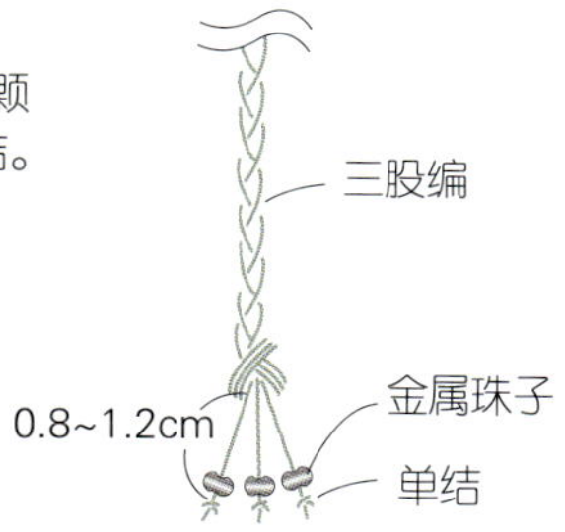

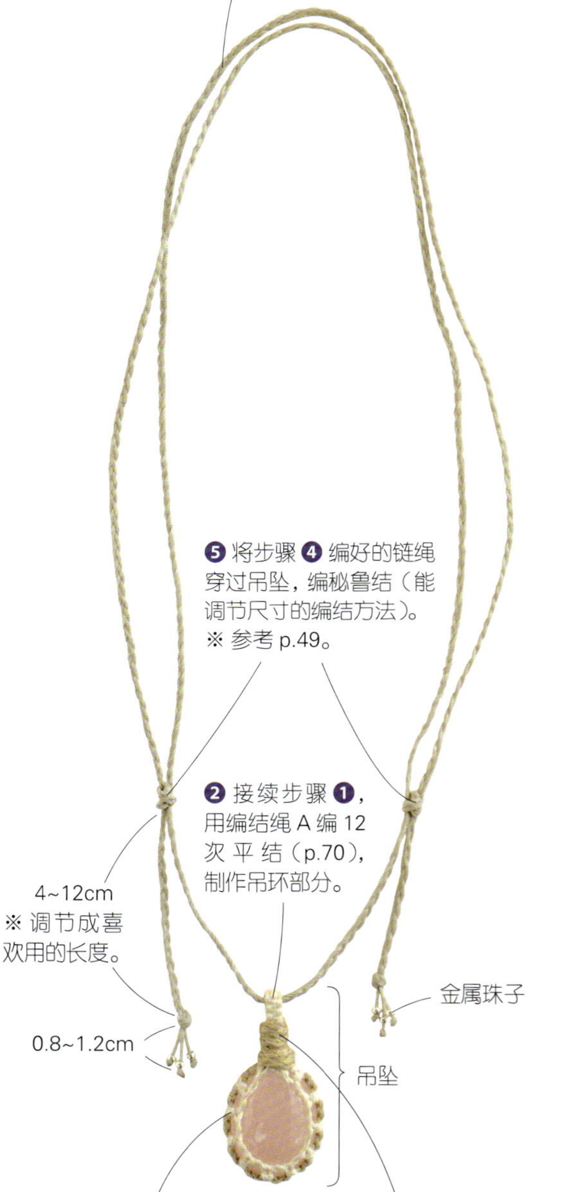

❹用3根编结绳E编110cm长的三股编，两端3根绳子一起编单结。绳子端头穿入金属珠子后编单结，再热熔固定（p.68）。

❺将步骤❹编好的链绳穿过吊坠，编秘鲁结（能调节尺寸的编结方法）。※参考p.49。

❷接续步骤❶，用编结绳A编12次平结（p.70），制作吊环部分。

❶用编结绳A、B、C编包石结（参考p.49~52）。

❸用3根编结绳D编30cm长的三股编（p.69），然后用编好的三股编在吊环部分编1cm长的捆扎结（参考p.52）。

步骤 ❺ 中秘鲁结的编结方法

如图所示交叉重叠步骤 ❹ 编好的链绳的两端。

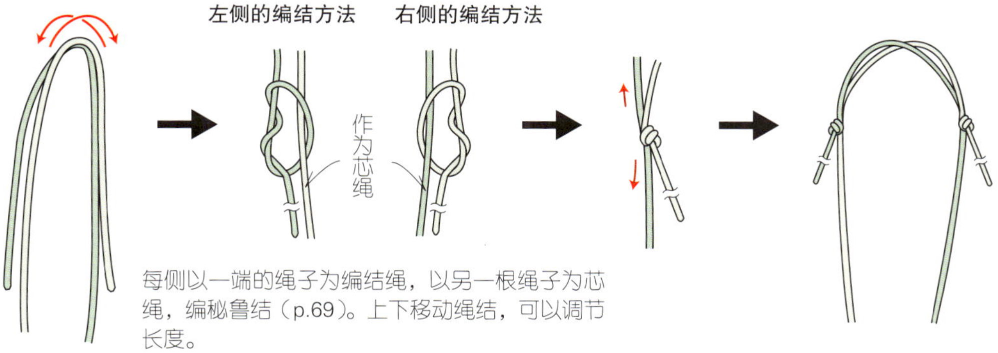

每侧以一端的绳子为编结绳，以另一根绳子为芯绳，编秘鲁结（p.69）。上下移动绳结，可以调节长度。

作品20、21　吊坠的制作方法

※为了将步骤看得更清楚，使用了与作品不同颜色的绳子制作。

包石结的编结方法

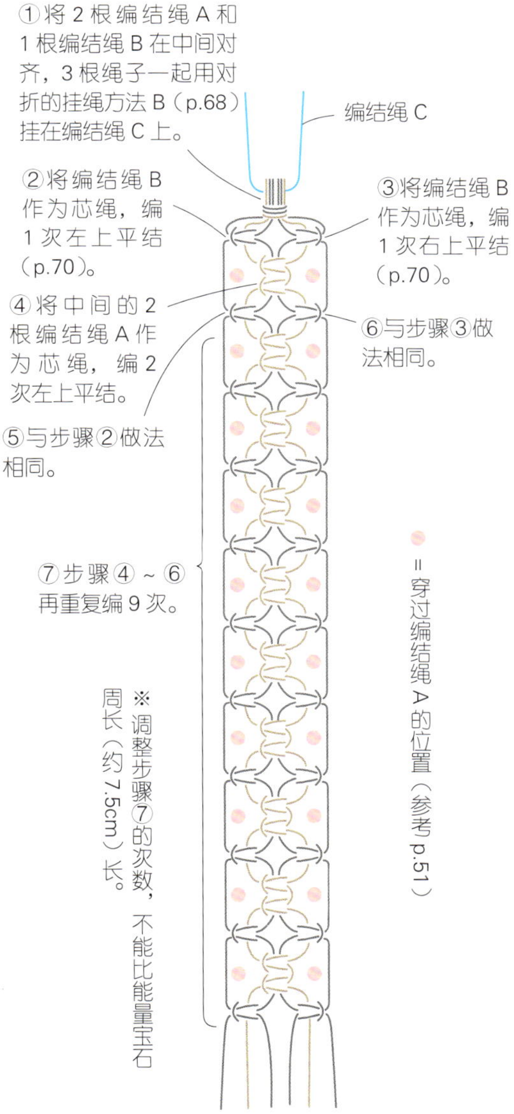

编包石结

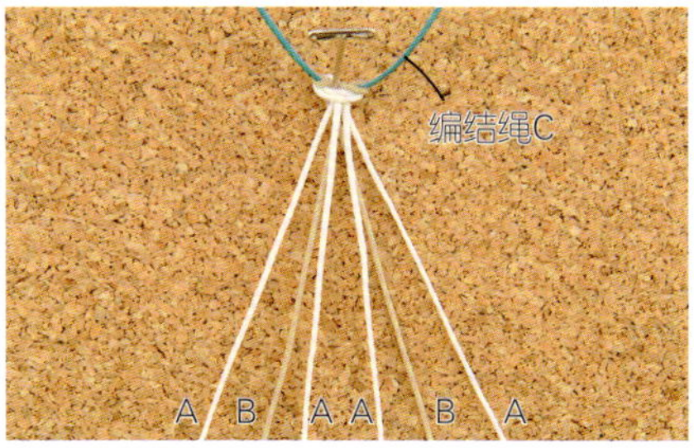

1　将2根编结绳A和1根编结绳B在中间对齐，3根绳子一起用对折的挂绳方法B挂在编结绳C上。将绳子如图所示码放。

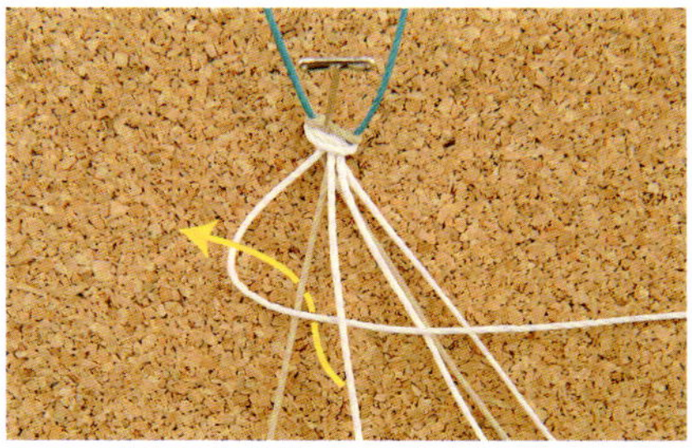

2　将编结绳B作为芯绳，用左边的3根绳子编1次左上平结。

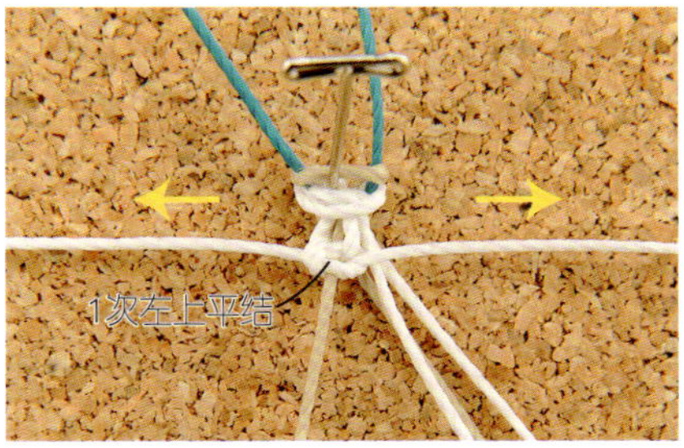

3　编好了1次左上平结的样子。

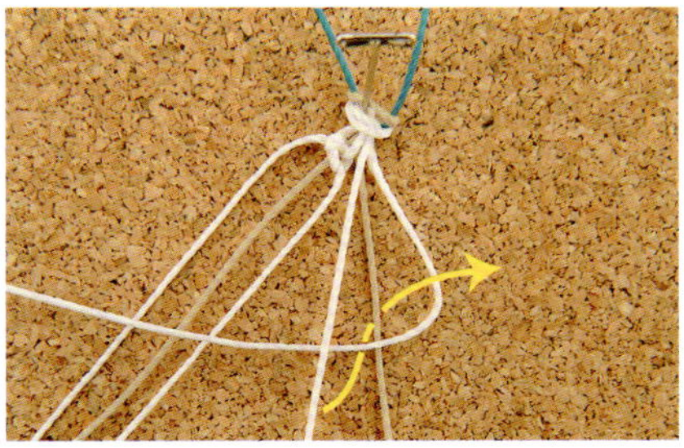

4　按照相同的方法，将编结绳B作为芯绳，用右边的3根绳子编1次右上平结。

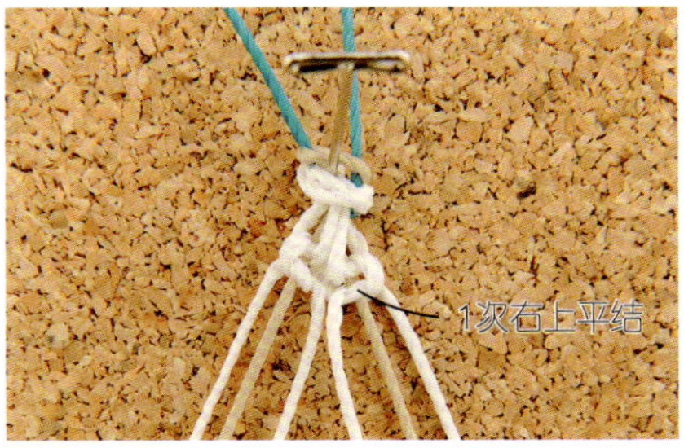

5　左、右各编好了1次平结的样子。

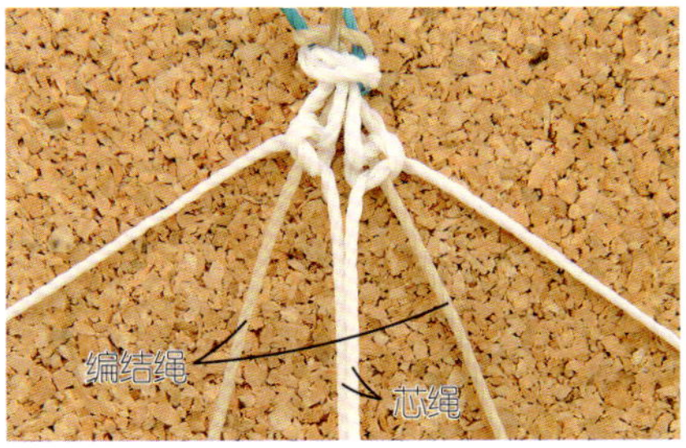

6　这次，将中间的2根编结绳A作为芯绳，用中间的4根绳子，编2次左上平结。

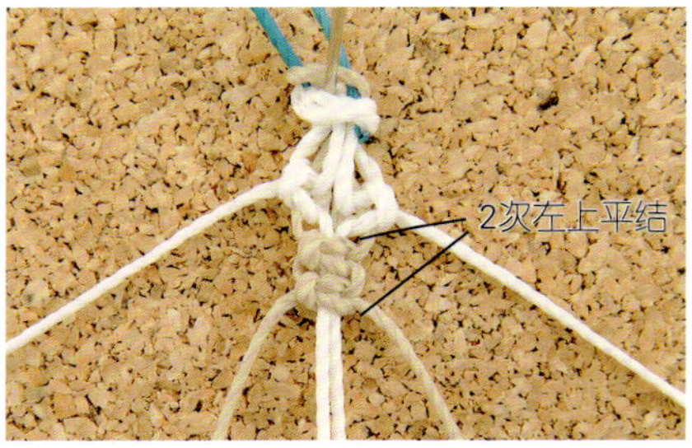

7 编好了2次左上平结的样子。

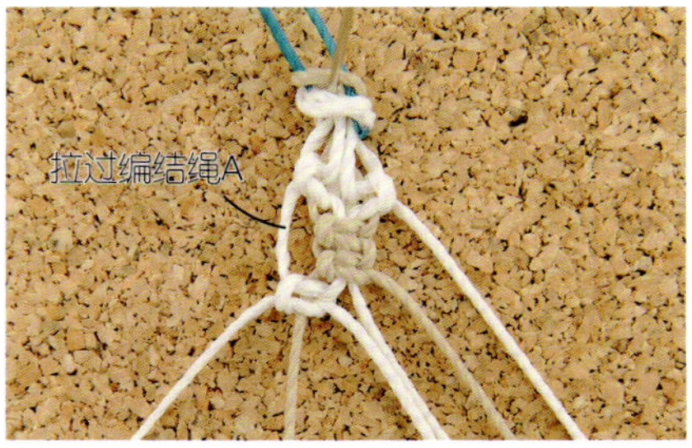

8 拉过外侧的编结绳A，留出空隙，再次用左边的3根绳子编1次左上平结。

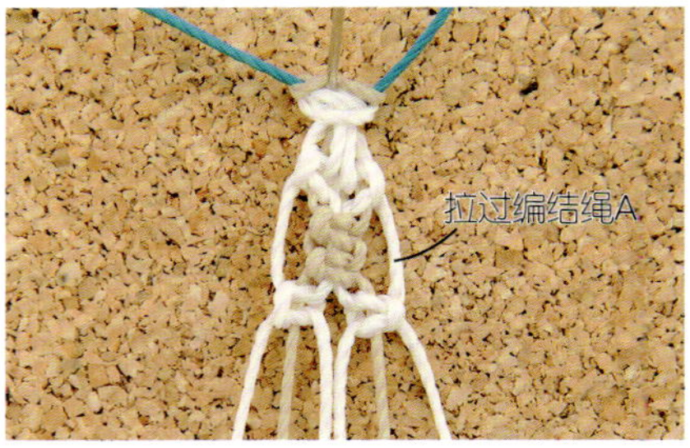

9 按照相同的方法，拉过外侧的编结绳A，留出空隙，用右边的3根绳子编1次右上平结。

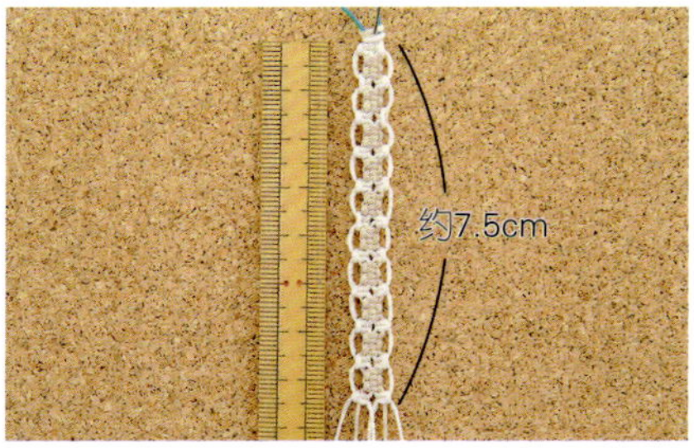

10 步骤6～9再重复编9次。

11 如图所示，拉出编结绳C。

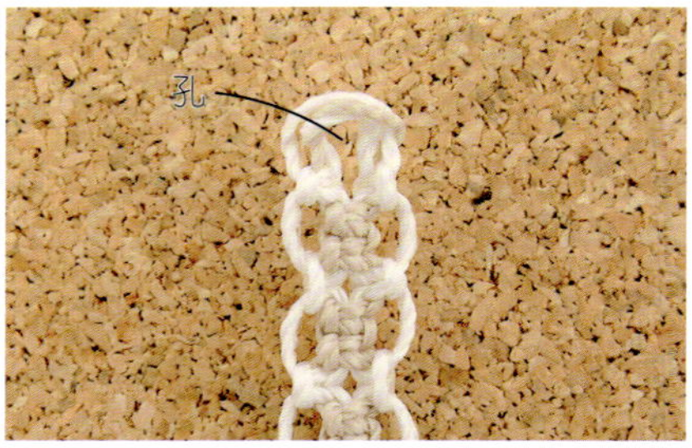

12 穿编结绳C的位置形成一个孔。

13 将终点的6根绳子从背面穿入孔中。

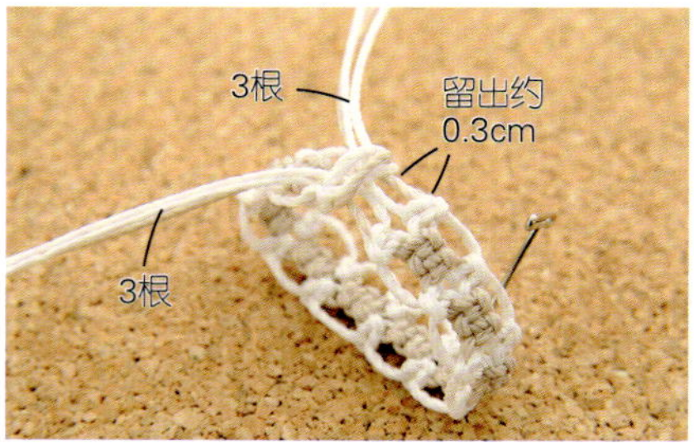

14 将2根编结绳A和1根编结绳B共3根绳子1组向左、右分开，距最后的绳结留出约0.3cm的空距。

15 将留出的0.3cm作为芯绳，3根绳子一起编1次左上平结。

16 编好了1次左上平结的样子。

17 用2根编结绳B编平接结（p.69）。

18 编好了平接结的样子。

19 编结绳B在绳结的边缘热熔固定（p.68），收尾。

20 将1根编结绳A从上往下，穿过在步骤8、9中拉过编结绳A所形成的每个空隙，穿一周。

21 穿了一周的样子。

22 这次与步骤20反方向，将另一根编结绳A依次穿过相同的空隙，穿一周。

23 逆向穿了一周的样子。

24 另一侧也按照相同的方法，用2根编结绳A依次穿过外侧的空隙，分别穿一周。

25 将一侧的2根编结绳A按照箭头方向拉紧，收缩圆环。这一侧作为吊坠的背面。

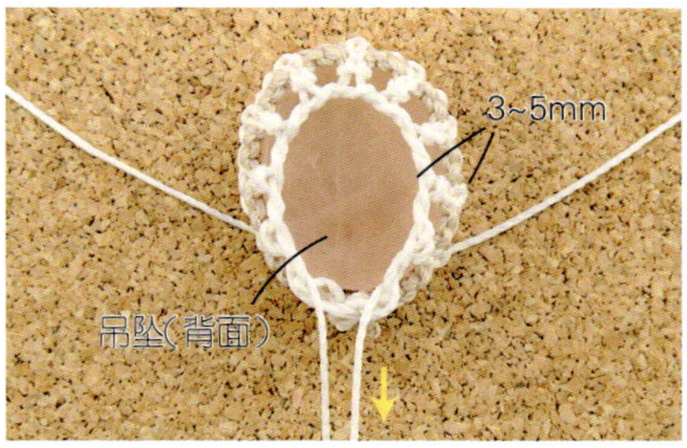

26 从没有收缩圆环的一侧放入能量宝石。拉紧背面的2根编结绳A，收缩至圆环折向能量宝石内侧3～5mm处。

27 为了不让绳子松开，一边拉紧，一边用2根编结绳A编平接结。

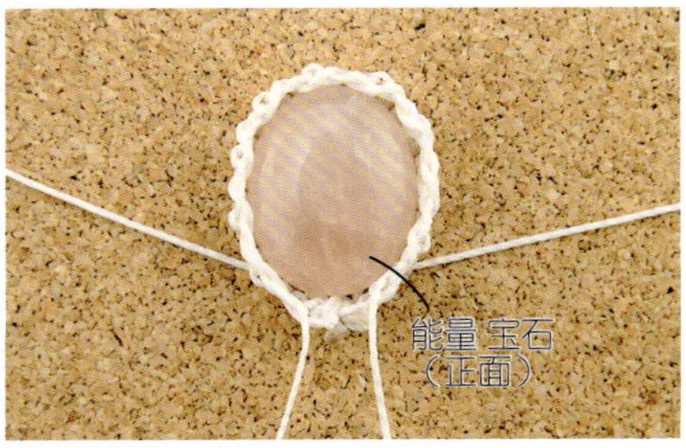

28 在放入能量宝石的状态下，翻至正面。

29 用力压住能量宝石，将剩余的2根编结绳A按照箭头方向拉紧，收缩圆环。

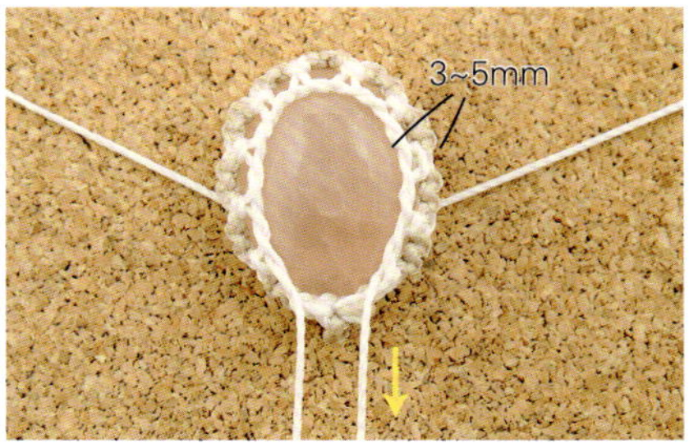

30 按照与背面相同的方法，拉紧2根编结绳A，收缩至圆环折向能量宝石内侧3～5mm处。

31 为了不让绳子松开，一边拉紧，一边用2根编结绳A编平接结。包石结编好了。

制作吊环部分

32 将正面的2根编结绳A作为芯绳，用背面的2根编结绳A编1次左上平结。

33 将编结绳向左、右拉紧，再将芯绳用力向下拉。

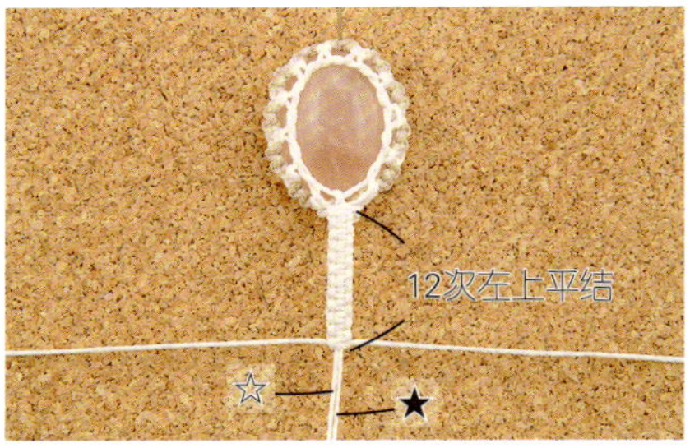

34 继续编左上平结，共编12次。

35 将编好的平结部分如图所示折向背面。

36 用刚刚作为芯绳的2根绳子（★、☆处的绳子），将平结的起点部分作为芯绳，编2次左上平结。

37 编好了2次左上平结的样子。

38 将4根编结绳A在背面绳结的边缘热熔固定，收尾。吊环部分完成。

编捆扎结

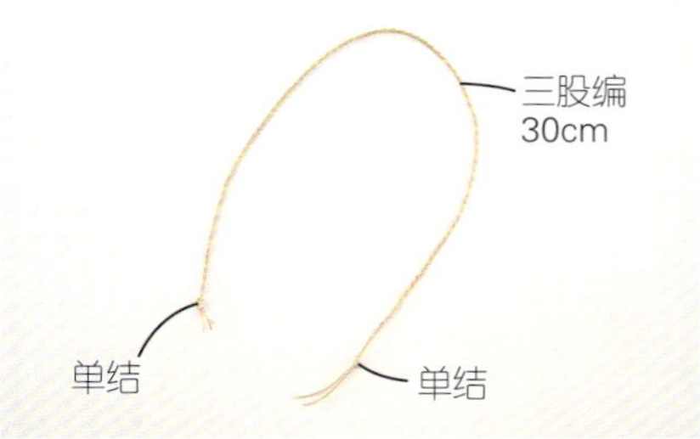

39 用3根编结绳D编30cm长的三股编（p.69）。两端3根绳子一起编单结（p.69）。
※开始的方法参考p.48步骤❸。

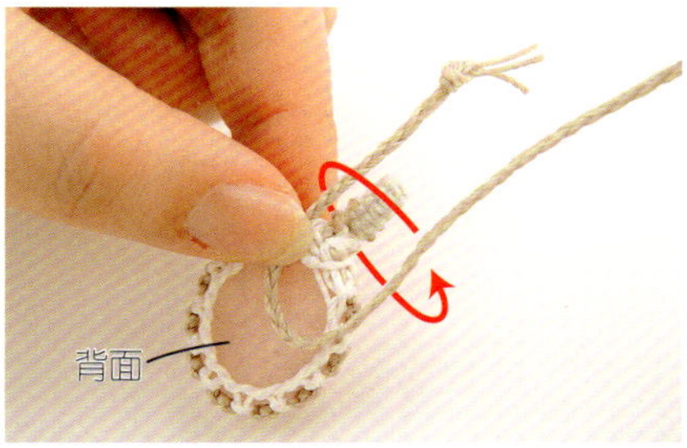

40 在吊环部分的背面加入三股编，编1cm长的捆扎结（p.69）。

41 编好了捆扎结的样子。完成吊坠。

p.14　作品22、23、24

***绳子**
Micro Macrame Cord
作品22　绿色（1451）
　　编结绳A…100cm，1根
　灰色（1457）
　　编结绳B…70cm，1根
　卡其色（1452）
　　编结绳C…70cm，1根
　　编结绳D…15cm，1根
作品23　栗色（1463）
　　编结绳A…100cm，1根
　米色（1455）
　　编结绳B…70cm，1根
　浅棕色（1454）
　　编结绳C…70cm，1根
　　编结绳D…15cm，1根
作品24　灰色（1457）
　　编结绳A…100cm，1根
　浅灰色（1456）
　　编结绳B…70cm，1根
　茶色（1464）
　　编结绳C…70cm，1根
　　编结绳D…15cm，1根

***其他**
作品22　能量宝石
　　圆珠6mm（AC287，砂金石）…1颗
　金属珠子
　　极小珠（AC1643，古铜色）…16颗
作品23　能量宝石
　　圆珠6mm（AC583，粉珊瑚）…1颗
　金属珠子
　　极小珠（AC1640，玫瑰金色）…16颗
作品24　能量宝石
　　圆珠6mm（AC590，彩虹萤石）…1颗
　金属珠子
　　极小珠（AC1642，银色）…16颗

***尺寸**
指围5cm

金属珠子的穿法

在编平结的途中，如图所示分别在编结绳上穿入珠子，然后继续编结。

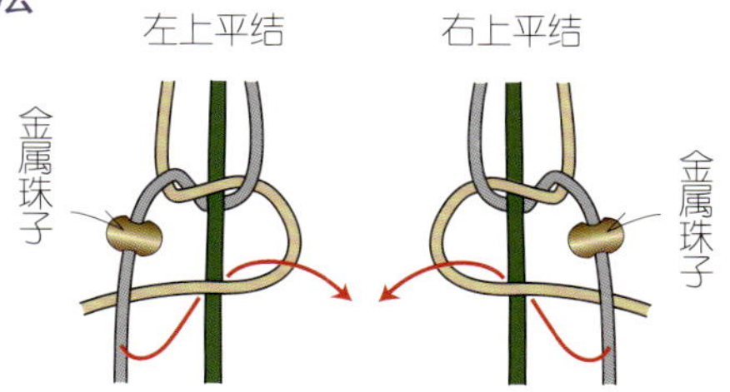

编结方法

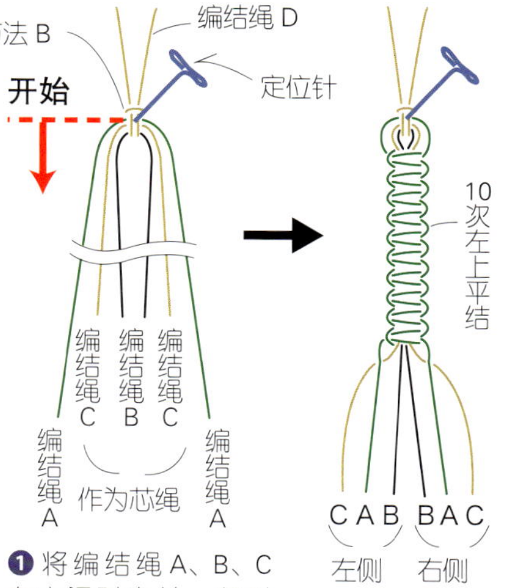

❶ 将编结绳 A、B、C 在中间对齐并一起对折，用编结绳 D 按照对折的挂绳方法 B（p.68）固定。将编结绳 C、B 的 4 根绳子作为芯绳，用编绳绳 A 编 10 次左上平结（p.70）。

❷ 将绳子如图所示码放，左、右分开。

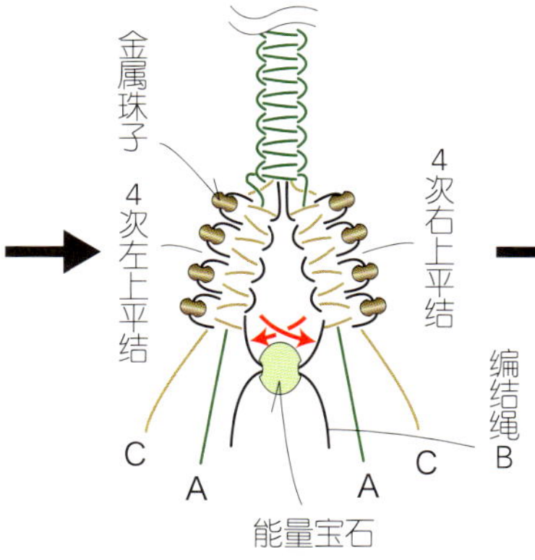

❸ 将编结绳 A 作为芯绳，左、右各编 4 次平结，编的同时每次穿入 1 颗金属珠子。如图所示，将编结绳 B 交叉穿过能量宝石。

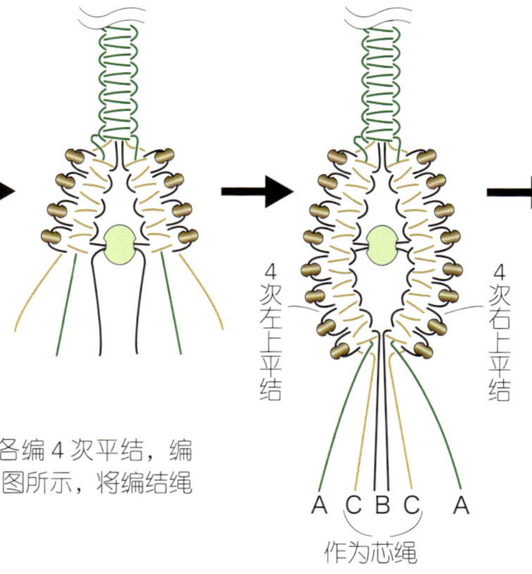

❹ 继续按照与步骤 ❸ 相同的方法，左、右各编 4 次平结，编的同时每次穿入 1 颗金属珠子。如图所示码放绳子。将编结绳 C、B 的 4 根绳子作为芯绳，编 10 次左上平结。

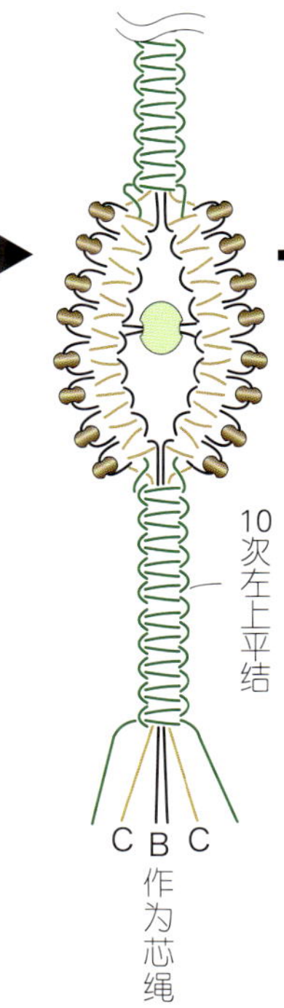

❺ 如图所示码放绳子，将 2 根编结绳 B 作为芯绳，用编结绳 C 编 1 次左上平结。

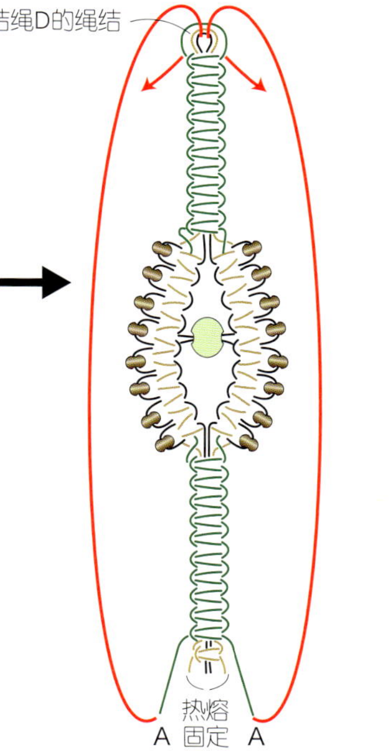

❻ 编结绳 B、C 热熔固定（p.68）。拆开编结绳 D 的绳结，上方形成 1 个绳圈。将编结绳 A 两端穿过上方的绳圈。

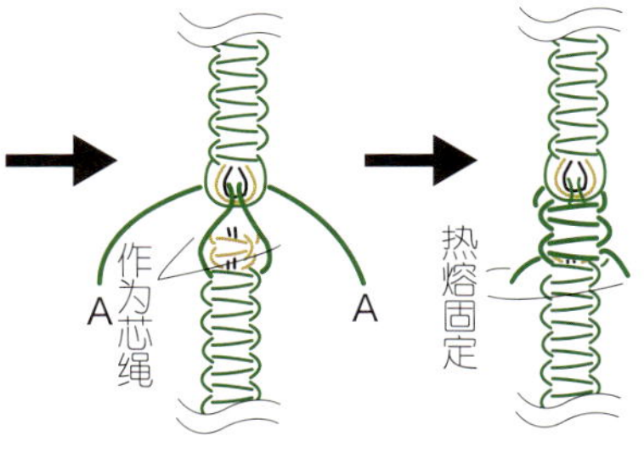

❼ 拉编结绳 A，形成圆环，用编结绳 A 编 2 次左上平结。绳子端头热熔固定。

p.17 作品25

***绳子**
Micro Macrame Cord
灰蓝色（1459）…30cm，24根
***其他**
金属珠子
极小珠（AC1643，古铜色）…6颗
耳钩金属配件
（G1664，金色）…1组
圆环
（直径2mm，金色）…4个
***尺寸**
造型　2.5cm × 1.5cm

造型的编结方法（2片）

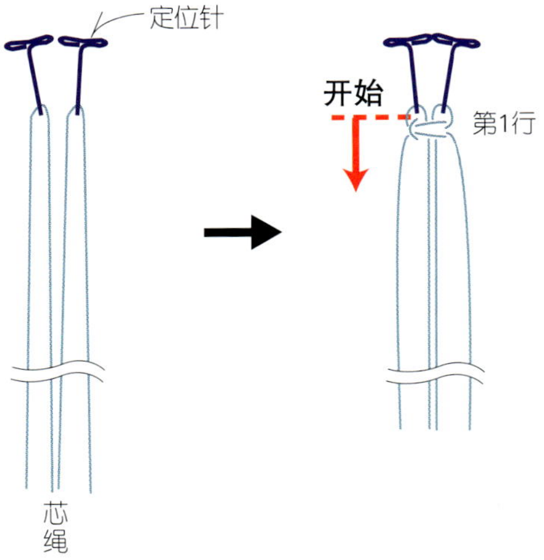

❶ 将 2 根绳子分别对折，插入定位针。上侧不留空距，编 1 次平结（p.70）。完成第 1 行。

❷ 其余的绳子也分别对折，一边在第 1 行两侧分别加入 1 根绳子，一边插入定位针，上侧不留空距，两侧分别编平结，完成第 2 行。按照相同的方法，不留行距，共编 11 行 1 次平结的七宝结（p.71）。在第 5、6、7 行中间各穿入 1 颗金属珠子。
※ 中途，在绳结上也插入定位针，一边调整形状，一边编结。

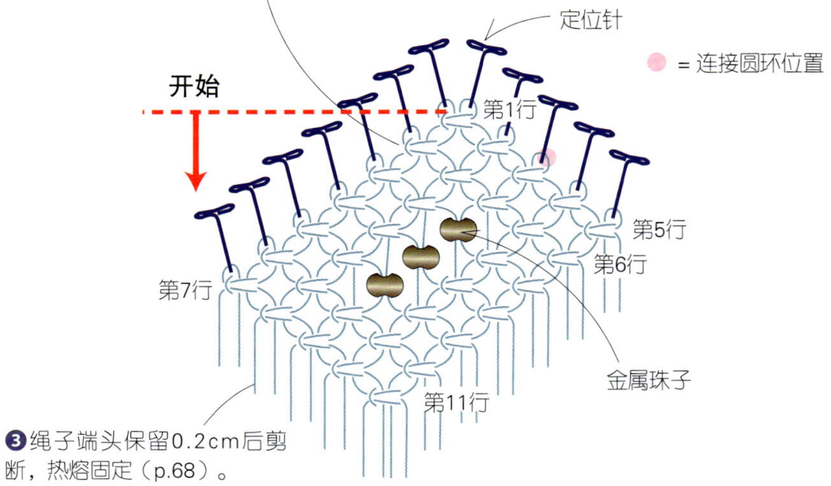

组合方法

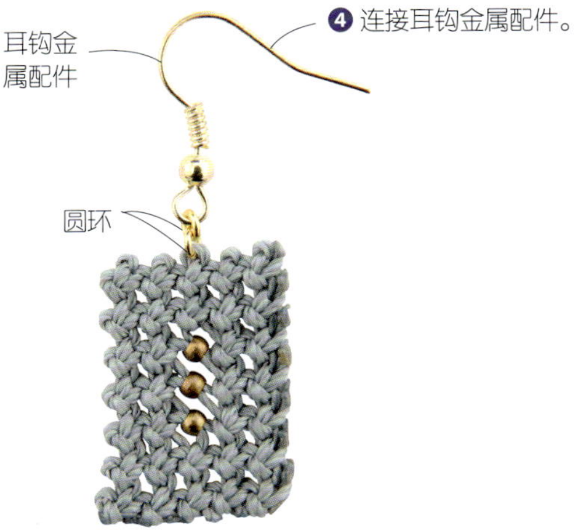

p.17 作品26、27

***绳子**
Micro Macrame Cord
作品26
　灰绿色（1450）…30cm，16根
作品27
　茶色（1464）…30cm，16根
　蓝紫色（1460）…30cm，16根

***其他**
作品26
　耳钩金属配件（G1664，金色）…1组
　圆环（直径2mm，金色）…4个
作品27
　带有连接配件的链条（45cm，金色）…1条
　圆环（直径5mm，金色）…4个

***尺寸**
造型　2cm×1.8cm

造型的编结方法（作品 26 2 片，作品 27 茶色、蓝紫色各 2 片）

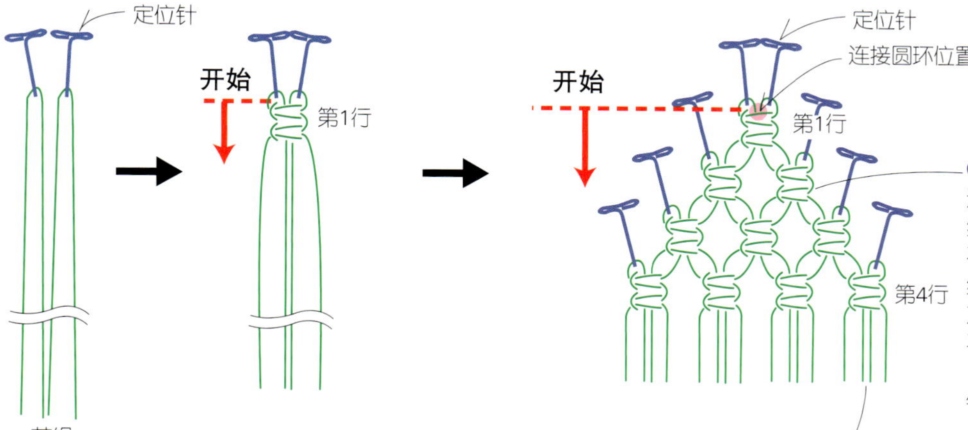

❶ 将 2 根绳子分别对折，插入定位针。上侧不留空距，编 2 次平结（p.70），完成第 1 行。

❷其余的绳子也分别对折，一边在第1行两侧分别加入1根绳子，一边插入定位针，上侧不留空距，两侧分别编2次平结，完成第2行。按照相同的方法，不留行距，共编4行2次平结的七宝结（p.71）。
※中途，在绳结上也插入定位针，一边调整形状一边编结。

❸ 绳子端头保留 0.2cm 后剪断，热熔固定（p.68）。

作品26　组合方法

作品27　组合方法

p.18　作品28

***绳子**
Micro Macrame Cord
浅灰色（1456）…80cm，12根
***其他**
别针（G1006，23mm，金色）
…1个
***尺寸**
5.5cm × 4cm

编结方法

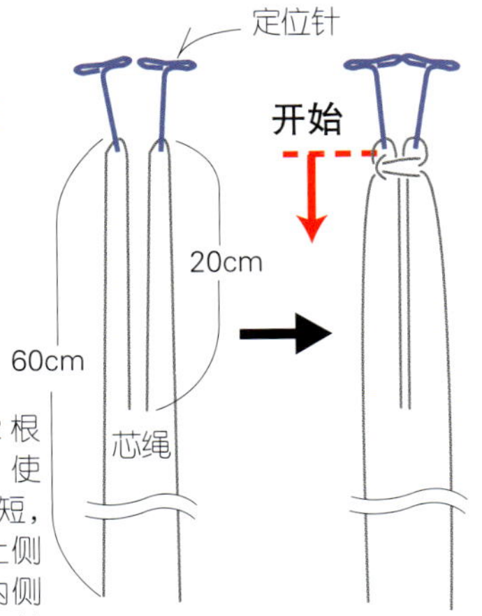

❶ 如图所示将 2 根绳子分别弯折，使内侧的绳子较短，插入定位针。上侧不留空距，以内侧的 2 根短绳作为芯绳，开始编结。

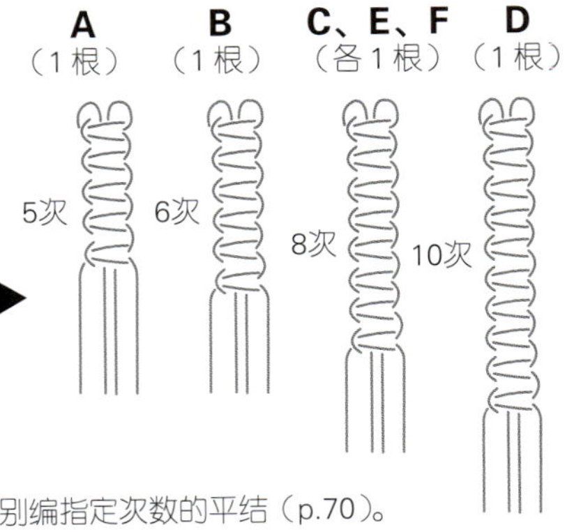

❷ 分别编指定次数的平结（p.70）。共编 6 根枝条（A ~ F）。

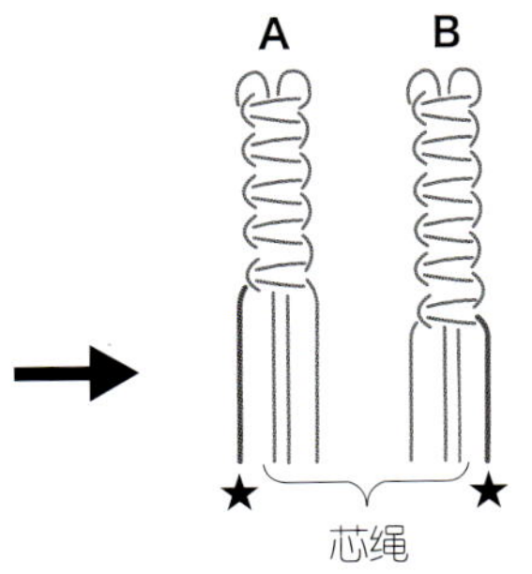

❸ 将枝条 A、B 并排码放，将内侧的 6 根绳子作为芯绳，用两侧的 2 根绳子（★）编 3 次平结。

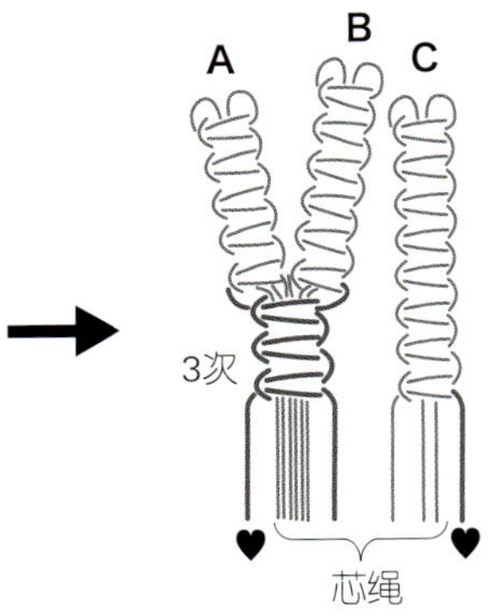

❹ 将枝条 C 与步骤 ❸ 完成的部分并排码放，将内侧的 10 根绳子作为芯绳，用两侧的 2 根绳子（♥）编 3 次平结。
※ 连接枝条的部分，紧密编结。

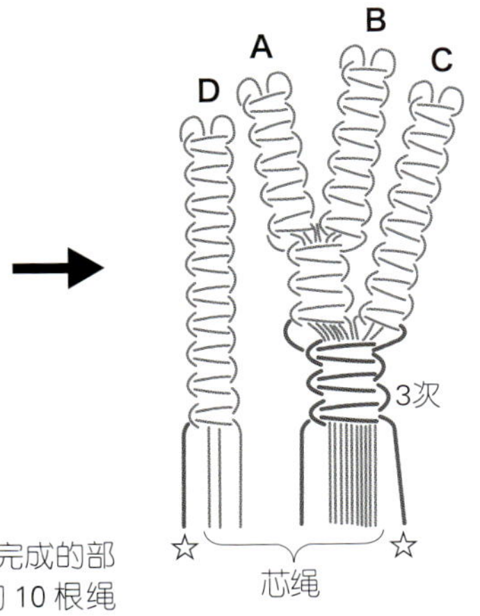

❺ 将枝条 D 与步骤 ❹ 完成的部分并排码放，将内侧的 14 根绳子作为芯绳，用两侧的 2 根绳子（☆）编 3 次平结。
※ 连接枝条的部分，紧密编结。

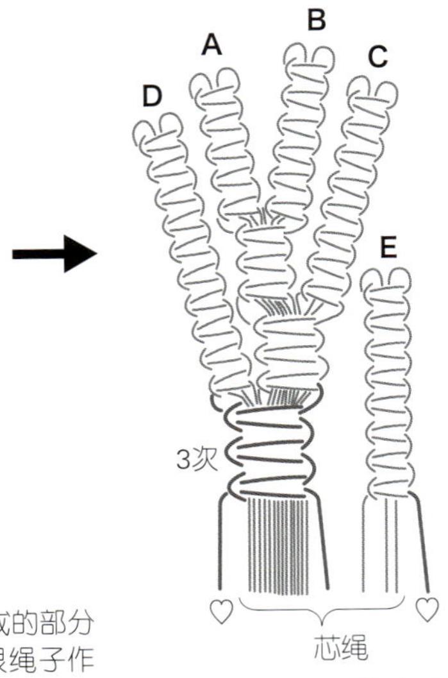

❻ 将枝条 E 与步骤 ❺ 完成的部分并排码放，将内侧的 18 根绳子作为芯绳，用两侧的 2 根绳子（♡）编 3 次平结。
※ 连接枝条的部分，紧密编结。

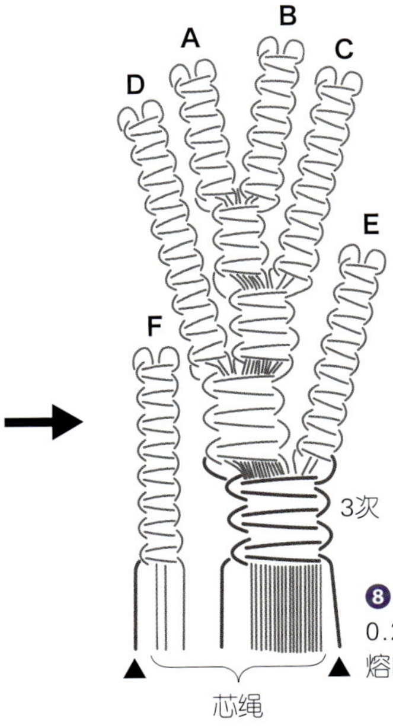

❼ 将枝条 F 与步骤 ❻ 完成的部分并排码放，将内侧的 22 根绳子作为芯绳，用两侧的 2 根绳子（▲）编 7 次平结。
※ 连接枝条的部分，紧密编结。

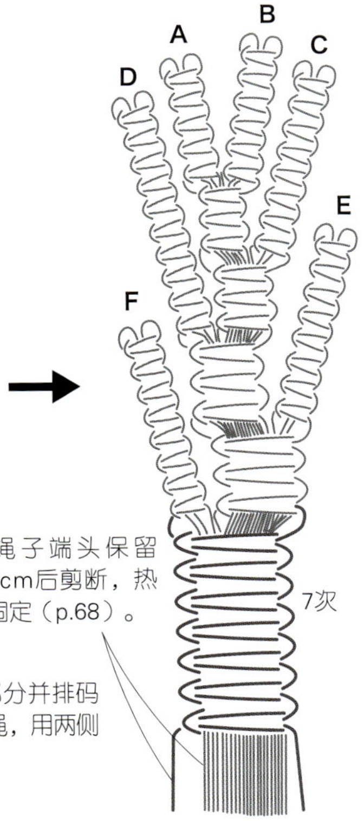

❽ 绳子端头保留 0.2cm后剪断，热熔固定（p.68）。

组合方法

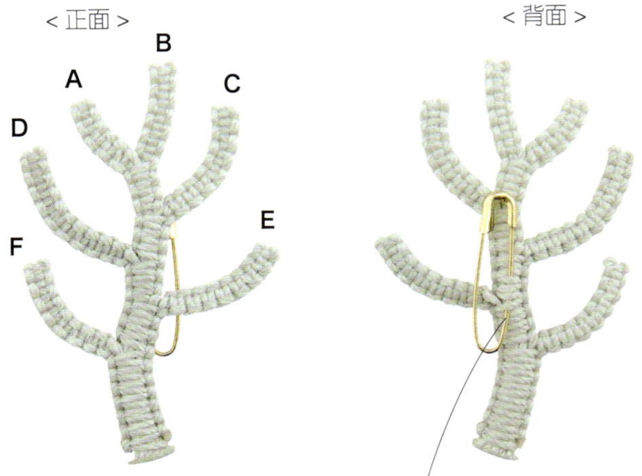

❾ 如图所示，将枝条 A~F 弯出弧度，调整形状。

❿ 将别针穿过背面的绳结的 4 根绳子，固定。

p.18　作品29、30

***绳子**
Micro Macrame Cord
作品29　米色（1455）…80cm，6根
作品30　棕色（1453）…80cm，6根

***其他**
别针（G1006，23mm，金色）…1个

***尺寸**
5cm × 4cm

编结方法

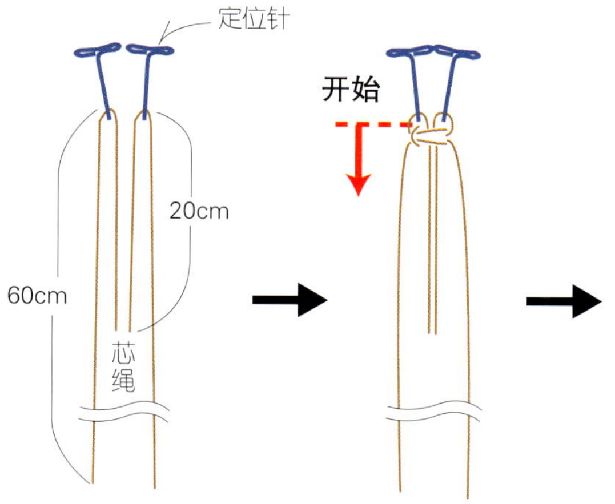

❶ 如图所示将 2 根绳子分别弯折，使内侧的绳子较短，插入定位针。上侧不留空距，以内侧的 2 根短绳作为芯绳，开始编结。

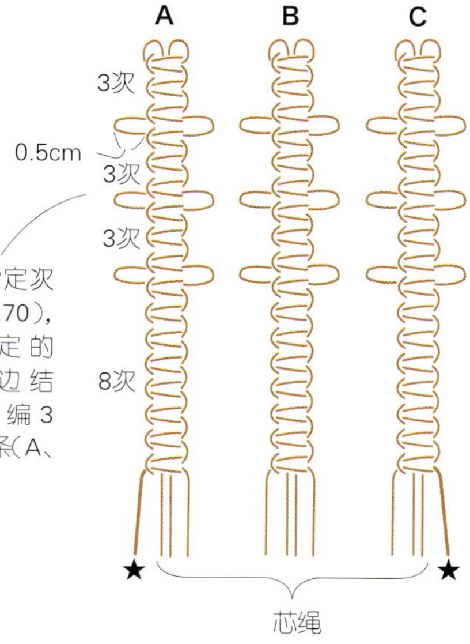

❷ 分别编指定次数的平结（p.70），中途在指定的位置编花边结（p.70）。共编 3 根相同的枝条（A、B、C）。

❸将枝条A、B、C并排码放，将内侧的10根绳子作为芯绳，用两侧的2根绳子（★）编7次平结。

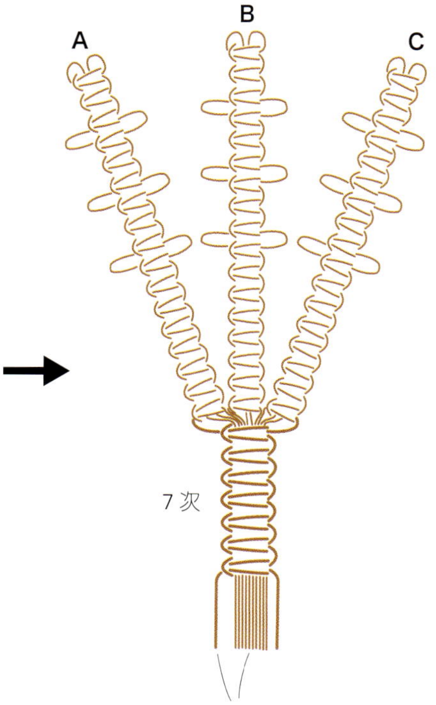

❹ 绳子端头保留 0.2cm 后剪断，热熔固定（p.68）。
※ 连接枝条的部分，紧密编结。

组合方法

< 正面 >

❺ 如图所示，将枝条 A、B、C 弯出弧度，调整形状。

< 背面 >

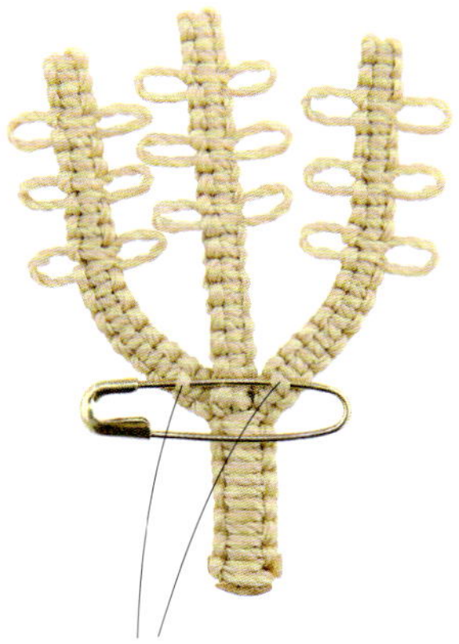

❻ 在背面的两处，将别针分别穿过绳结的 1 根绳子，固定。

p.19　作品31、32

***绳子**
HEMP TWINE 细
作品31　艾草色（345）…70cm，8根
作品32　深黄色（341）…70cm，8根

***其他**
别针（G1006，23mm，金色）…1个

***尺寸**
4cm × 2cm

编结方法

❶ 如图所示分别在 2 根绳子的中间位置插入定位针固定，以一边为芯绳，分别编横卷结（p.71）。

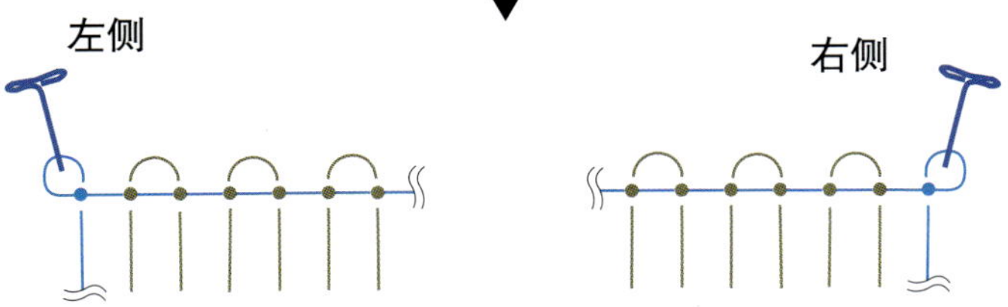

❷分别将3根绳子对折，用卷结的挂绳方法（p.68）挂在芯绳上，完成第1行。

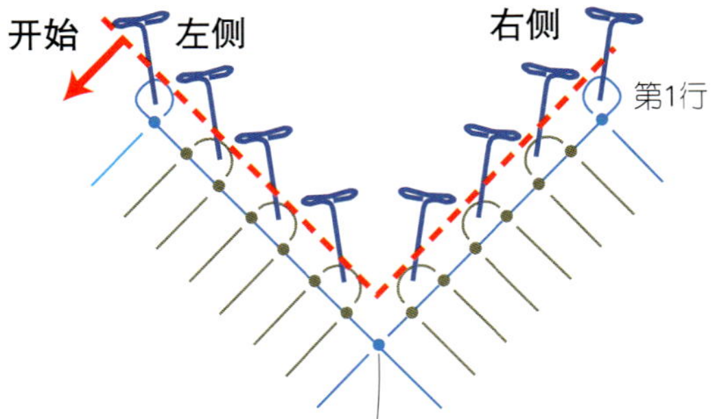

❸左侧与右侧呈“V”字形，用定位针斜向（45°）固定，用中间的2根绳子编斜卷结（p.72）（第1行的结尾）。

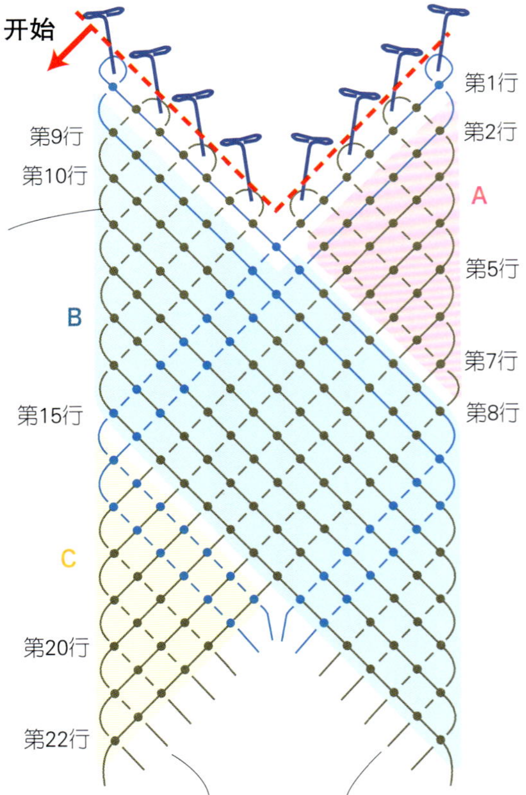

❹ 参照右图，按照 A、B、C 的顺序，编 22 行斜卷结。
※ 中途，在绳结上也插入定位针，一边调整形状一边编结。

组合方法

❻ 将别针穿过背面的绳结，固定。

❺ 绳子端头均保留 1cm 后剪断，再翻折至背面，用胶水粘住。

p.19　作品33

*绳子

Micro Macrame Cord

洋红色（1446）

　编结绳A…30cm，9根

茶色（1464）

　编结绳B…30cm，13根

蓝紫色（1460）

　编结绳C…30cm，9根

*其他

带有3个圆环的别针

　（43mm，金色）…1个

圆环

　（直径5mm，金色）…3个

*尺寸

参照下图

编结方法

造型A（1片）…编结绳A，9根

造型C（1片）…编结绳C，9根

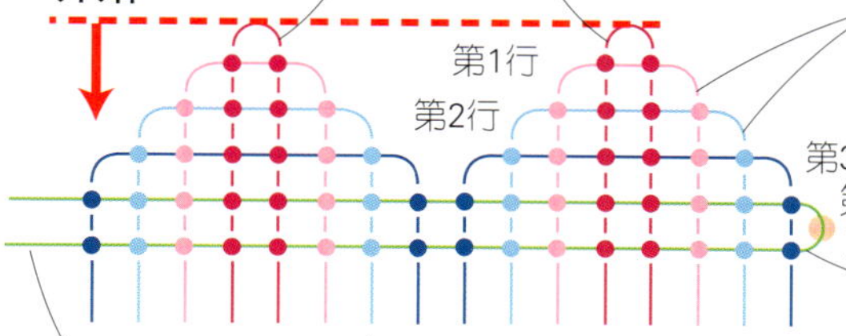

❶ 第 1 行
将 1 根绳子对折，用卷结的挂绳方法（p.68）在中间固定绳子。（2 处）

● = 连接圆环位置

❷ 第 2、3 行
每一行都将 1 根新的绳子在中间对齐，分别作为芯绳加入，编 2 行横卷结（p.71）。（各 2 处）

❸ 第 4、5 行
将 1 根绳子对折，对折端位于右侧横向放置，作为芯绳加入，编 2 行横卷结。

❹ 绳子端头保留 0.2cm 后剪断，热熔固定（p.68）。

※ 中途，在绳结上也插入定位针，一边调整形状一边编结。

编结方法

造型B（1片）…编结绳B，13根

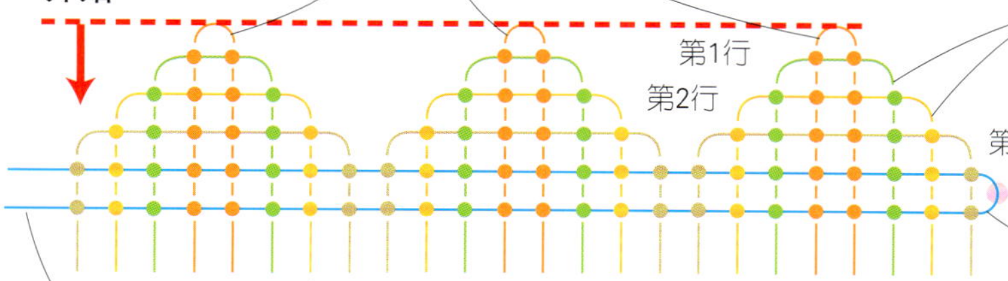

❶ 第 1 行
将 1 根绳子对折，用卷结的挂绳方法在中间固定绳子。（3 处）

● = 连接圆环位置

❷ 第 2、3 行
每一行都将 1 根新的绳子在中间对齐，分别作为芯绳加入，编 2 行横卷结。（各 3 处）

❸ 第 4、5 行
将 1 根绳子对折，对折端位于右侧横向放置，作为芯绳加入，编 2 行横卷结。

❹ 绳子端头保留 0.2cm 后剪断，热熔固定。

※ 中途，在绳结上也插入定位针，一边调整形状一边编结。

组合方法

❺ 连接在别针上。

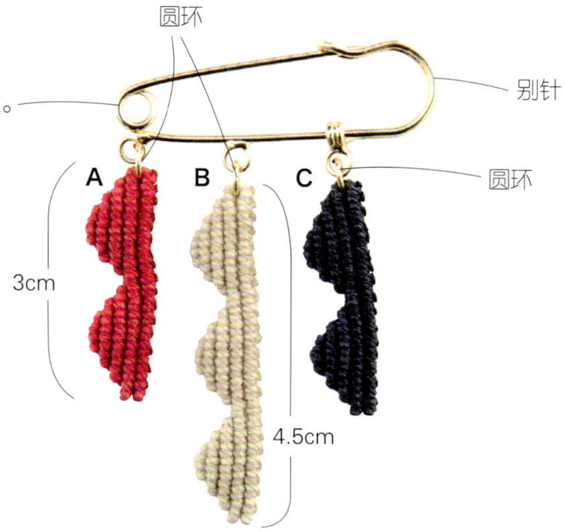

p.21　作品34

***绳子**
STAINLESS CORD 0.6mm
古银色（712）…180cm，6根
***其他**
手链金属配件
　12mm宽（S1028，银色）…1组
连接套装
　（S1026，银色）…1组
***尺寸**
长34cm（不含手链金属配件）

编结方法

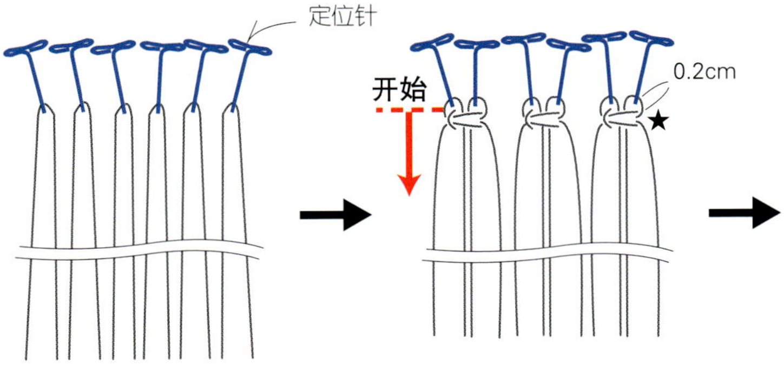

❶ 将 6 根绳子分别对折，插入定位针。上侧留 0.2cm 的空距，编 1 次平结（p.70）（★）。

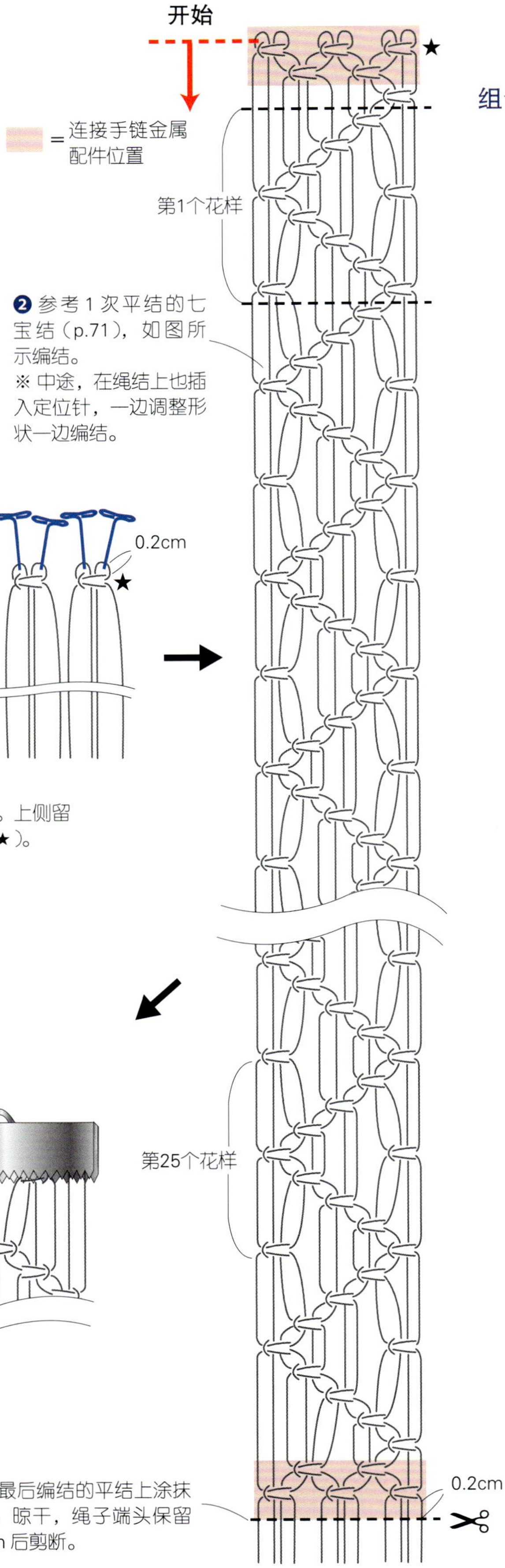

❷ 参考 1 次平结的七宝结（p.71），如图所示编结。
※ 中途，在绳结上也插入定位针，一边调整形状一边编结。

❸ 在最后编结的平结上涂抹胶水，晾干，绳子端头保留 0.2cm 后剪断。

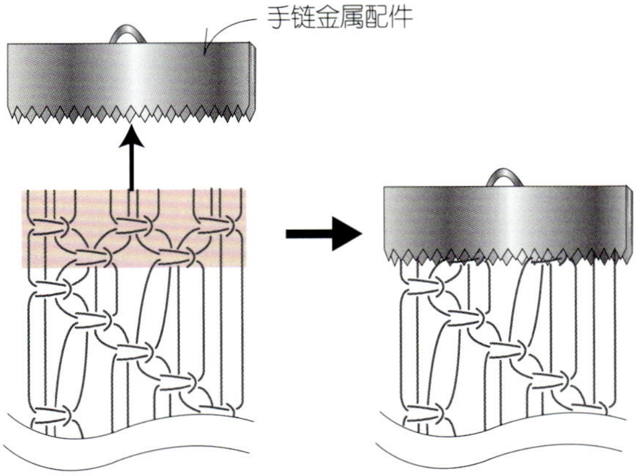

❹ 在手链金属配件内侧涂抹胶水，将 ▭ 部分插入配件内，用钳子夹紧。开始处也按照相同方法连接。

组合方法

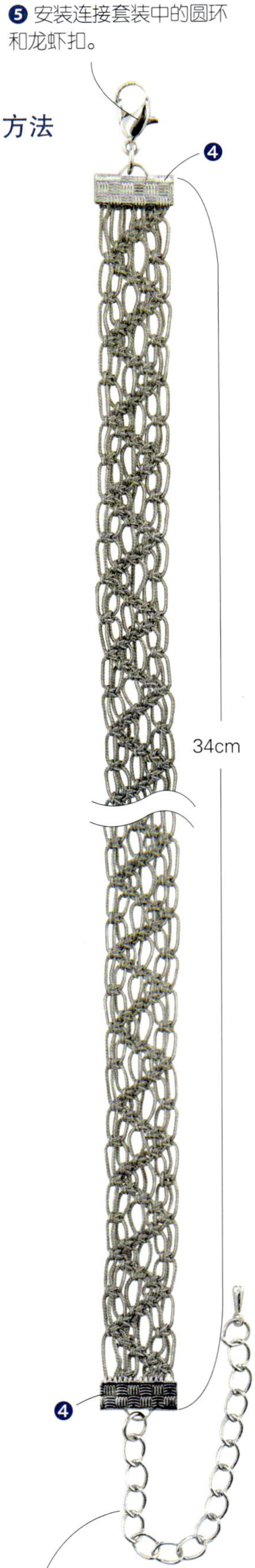

p.21　作品35

***绳子**

STAINLESS CORD 0.6mm

古金色（711）

编结绳…100cm，8根

流苏用绳…4cm，13根

***其他**

手链金属配件L

15mm宽（G1062，金色）…1组

连接套装

（S1027，金色）…1组

***尺寸**

长16.5cm（不含手链金属配件）

▭ = 连接手链金属配件位置

编结方法

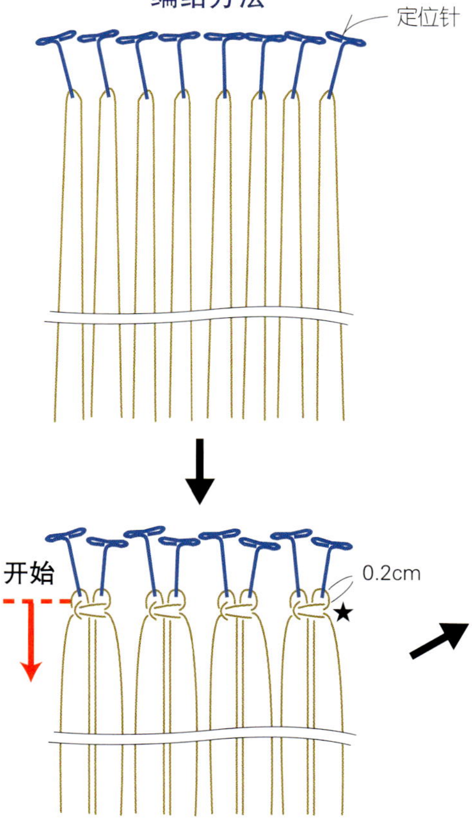

❶ 将 8 根绳子分别对折，插入定位针。上侧留 0.2cm 的空距，编 1 次平结（p.70）（★）。

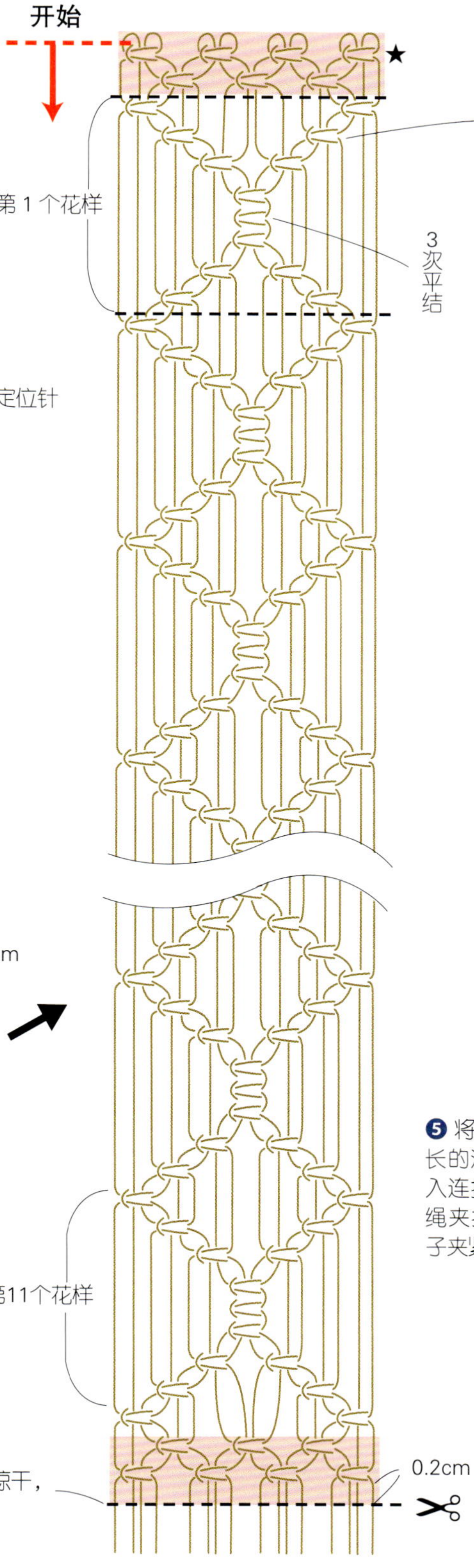

❷ 参考 1 次平结的七宝结（p.71），如图所示编结。

※ 中途，在绳结上也插入定位针，一边调整形状一边编结。

❸ 在最后编结的平结上涂抹胶水，晾干，绳子端头保留 0.2cm 后剪断。

组合方法

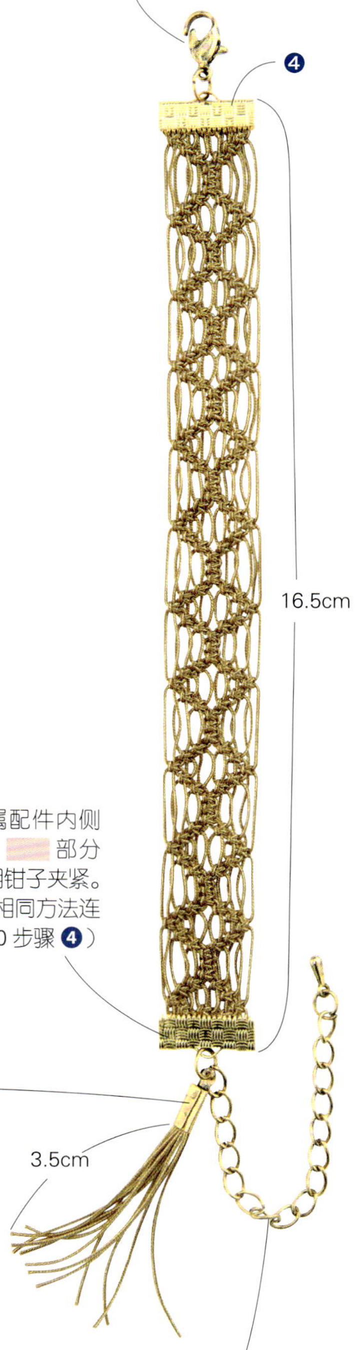

❻ 安装连接套装中的圆环和龙虾扣。

❹ 在手链金属配件内侧涂抹胶水，将 ▭ 部分插入配件内，用钳子夹紧。开始处也按照相同方法连接。（参考 p.60 步骤 ❹）

❺ 将 13 根 4cm 长的流苏用绳夹入连接套装中的绳夹扣内，用钳子夹紧。

❻ 安装连接套装中的圆环和延长链。

p.22 作品36、37、38

***绳子**

HEMP TWINE 中

作品36 淡蓝色（346）…60cm，24根

作品37 深黄色（341）…60cm，24根

作品38 淡粉红色（342）…60cm，24根

***尺寸**

15cm×13cm

编结方法

❶ 将2根绳子分别对折，插入定位针。上侧留3cm的空距，编1次平结（p.70），完成第1行。

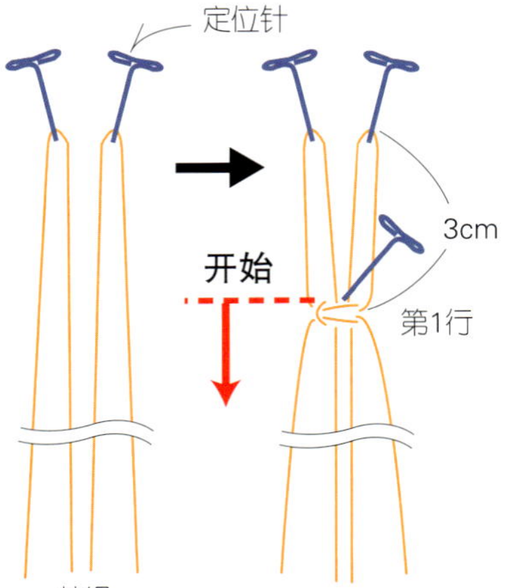

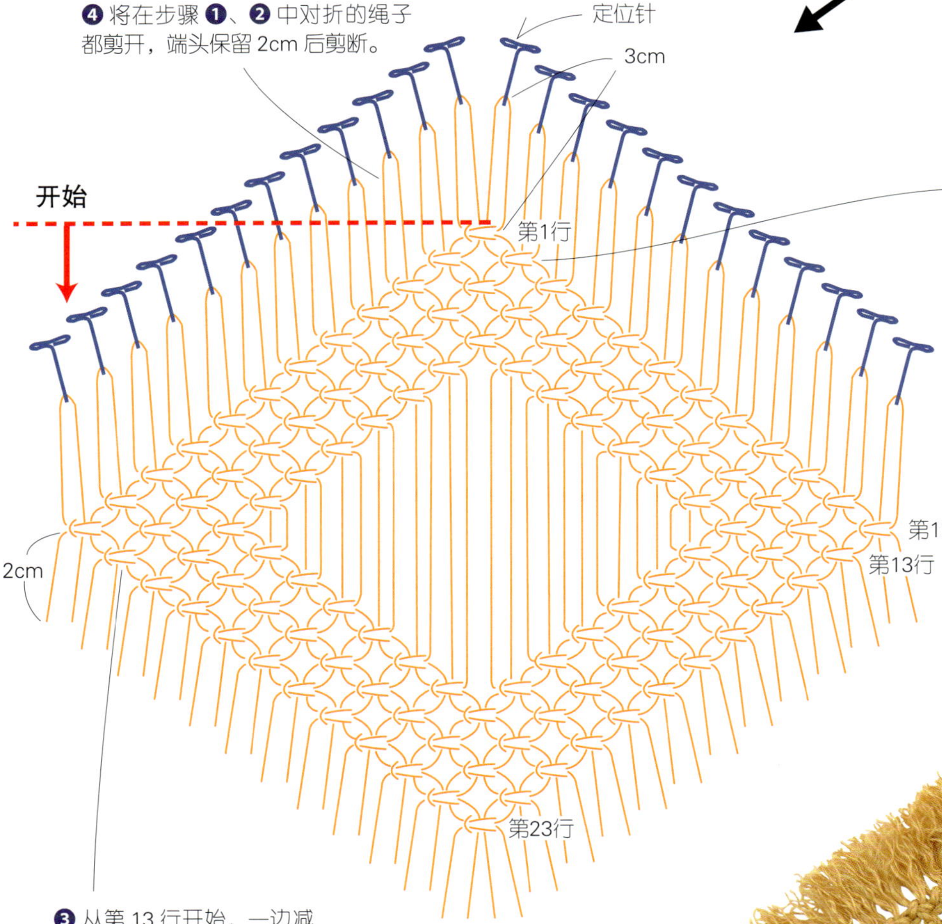

❷ 将剩余的绳子也分别对折，在第1行两侧分别加入1根绳子，插入定位针，上侧留3cm的空距，在两侧各编1次平结，完成第2行。按照相同的方法，不留行距，共编12行1次平结的七宝结（p.71）。从第6行开始，在中间直接渡绳。
※ 中途，在绳结上也插入定位针，一边调整形状一边编结。

❸ 从第13行开始，一边减少两侧编结的绳子，一边不留行距地编1次平结的七宝结至第23行。直至第18行，都是在中间直接拉过绳子编结。绳子端头保留2cm后剪断。

❹ 将在步骤❶、❷中对折的绳子都剪开，端头保留2cm后剪断。

组合方法

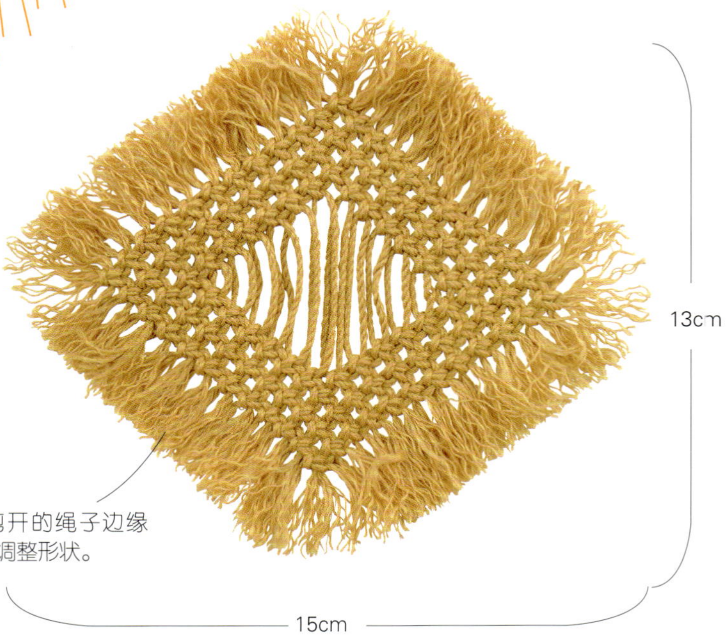

❺ 将剪开的绳子边缘打散，调整形状。

p.23　作品39

***绳子**
HEMP TWINE 细
自然白色（321）
　芯绳…60cm，2根
　编结绳…150cm，4根
***其他**
餐垫（42cm×31cm）…1片
※使用市售产品。
***尺寸**
花边部分　11.5cm×2cm

组合方法

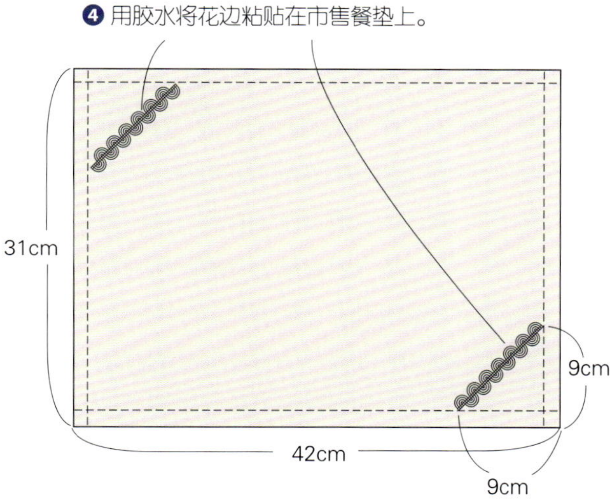

编结方法
（2片）

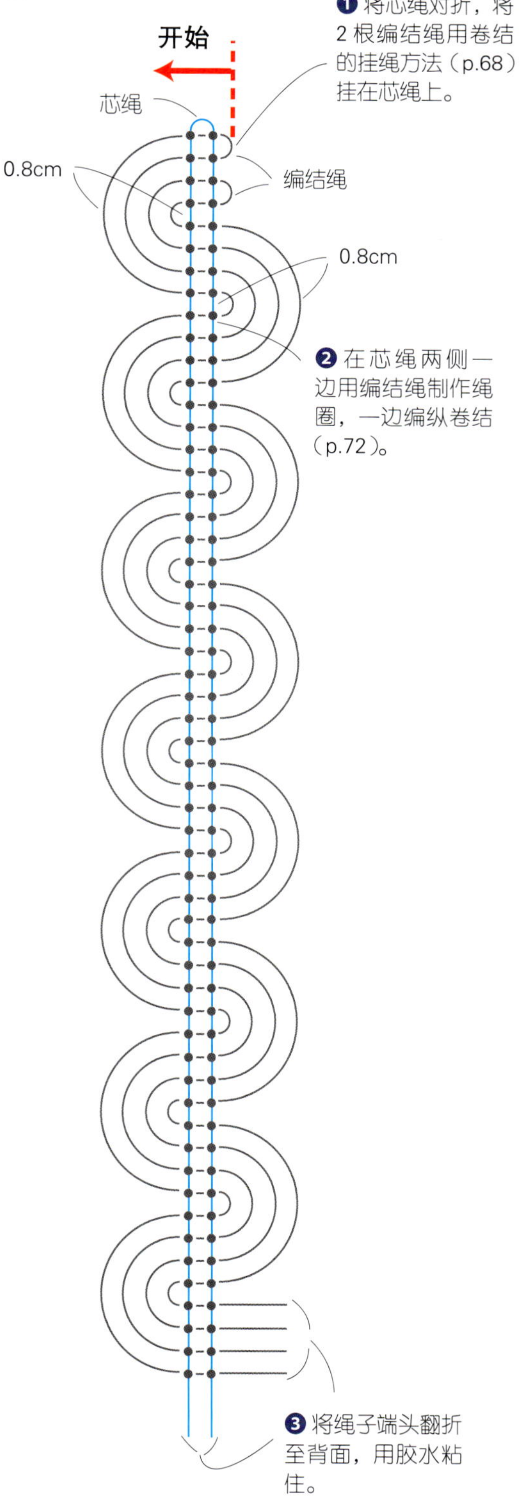

p.24　作品40

***绳子**
剑麻麻绳
象牙白色（331）
　编结绳…180cm，8根
　提手用绳…180cm，1根
***尺寸**
长55cm

编结方法

❶ 将 8 根编结绳在中间对齐码放，以内侧的 4 根绳子为芯绳，用 2 根绳子在中间一起编 1 次平结（p.70）。

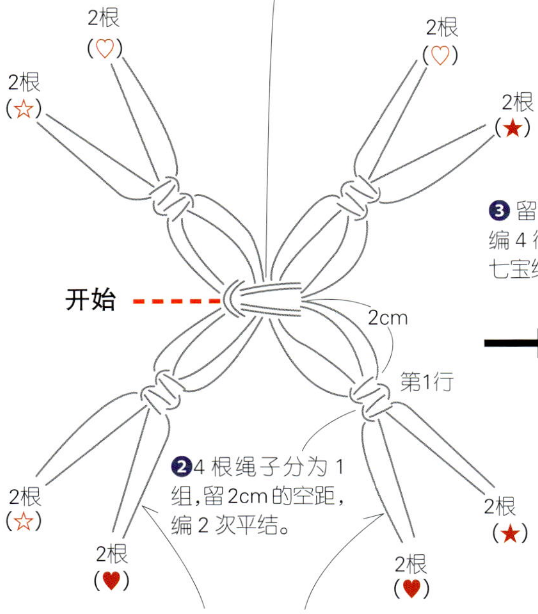

❷4 根绳子分为 1 组，留 2cm 的空距，编 2 次平结。

以相同标记的 4 根绳子为 1 组，继续步骤 ❸ 的编结，编成桶状。

❸ 留 5cm 的行距，编 4 行 2 次平结的七宝结（p.71）。

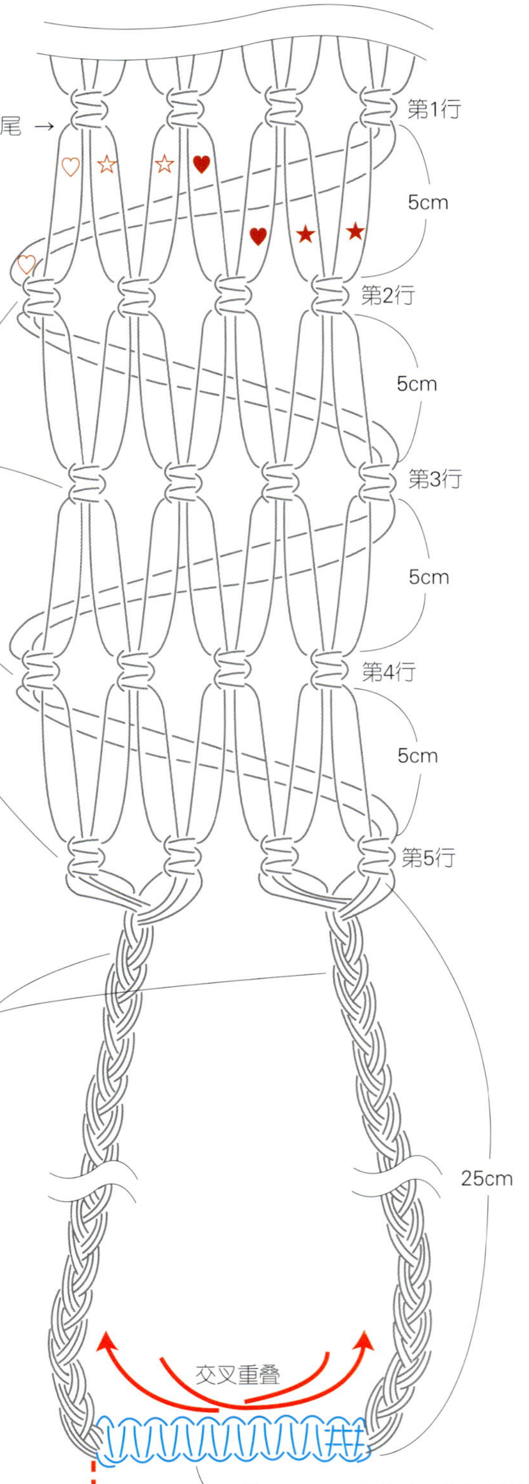

❹8 根绳子分为 1 组，再将 1 组的 8 根绳子分为 1 股 3 根、1 股 2 根、1 股 3 根，分别编 25cm 长的三股编（p.69）。绳子下端左、右交叉重叠。

❺ 以交叉重叠的绳子作为芯绳，将提手用绳用“加入编结绳的平结编法”（p.70）固定在芯绳上，编 10 次平结（约 8cm 长）。将编完的绳子穿入平结中。作为芯绳的绳子端头在平结的边缘剪断。

编结绳穿入平结的方法

< 背面 >

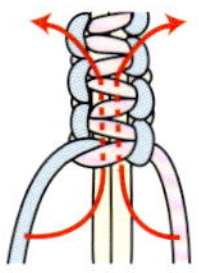

将编结绳用针穿入平结的绳结中。绳子端头在平结的边缘剪断。

p.25　作品41

***绳子**

Jute Fix 细

象牙白色（351）

　编结绳A…320cm，2根

　编结绳B…230cm，9根

　挂绳…100cm，2根

***其他**

手工横梁

　（MA2256，31cm）

…1根

骨珠

　（AC416）…6颗

　（AC1223）…10颗

骨十字架

　（AC1282）…1个

　（AC1284）…2个

贝壳

　（AC1283）…6个

羽毛

　（AC1289）…2根

***尺寸**

55cm × 25cm

步骤❶中编结绳A的弯折方法

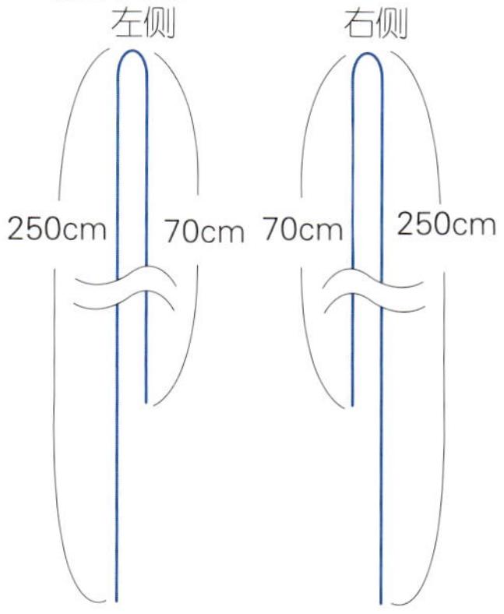

编结方法

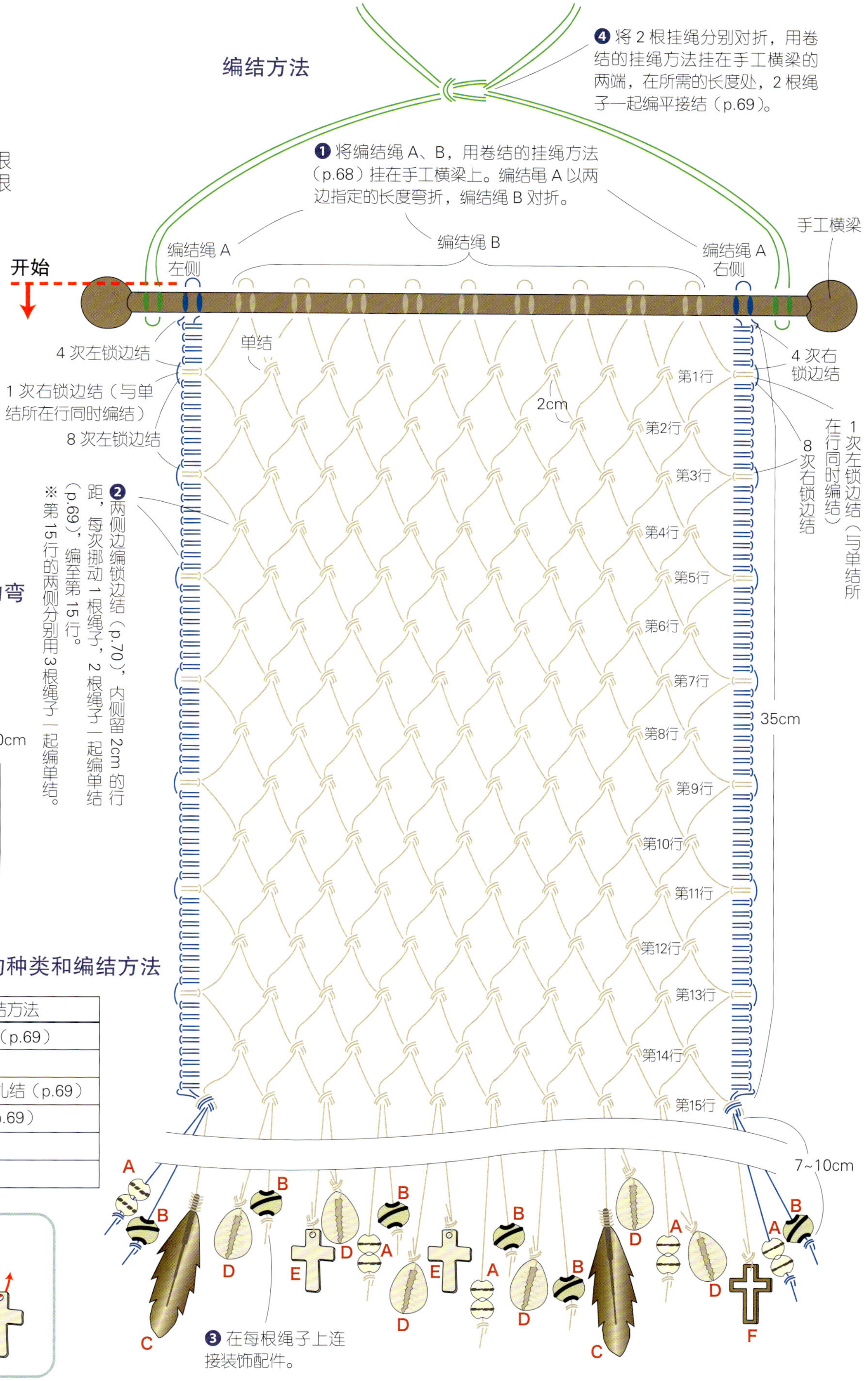

步骤 ❸ 中装饰配件的种类和编结方法

	编号	编结方法
A	(AC1223)	秘鲁结（p.69）
B	(AC416)	秘鲁结
C	(AC1289)	共线捆扎结（p.69）
D	(AC1283)	单结（p.69）
E	(AC1284)	单结
F	(AC1282)	单结

※C 将羽毛的轴作为芯绳，编共线捆扎结。

※D、E、F 将绳子按照箭头方向穿过，在装饰配件的上方，2 根绳子一起编单结。

工具和材料

这里介绍制作作品时需要的部分工具和材料。
※F、G、H、L、M 之外的工具、材料，均为 marchen-art 的产品。

工具

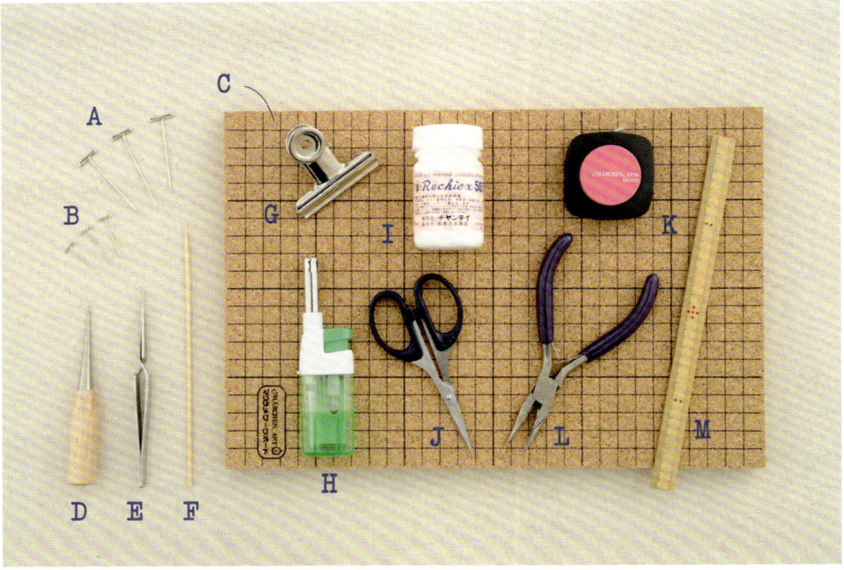

A 定位针

B 定位小 T 针

C 软木垫板
制作作品时，将定位针扎在软木垫板上，固定绳子。

D 锥子
用于放松或拉紧绳结及精细操作时。

E 镊子
穿入或拔出绳子时使用。

F 竹签
涂抹胶水时使用。

G 夹子
固定绳子时使用。

H 打火机
热熔固定时使用。

I 胶水（Rechiex）
适用于各种材质的强力胶水，干得快。

J 剪刀
锋利且刀尖纤细的手工用剪刀最方便。

K 卷尺
用于测量绳子的长度或作品的尺寸。

L 钳子
开合圆环或固定五金件时使用。

M 直尺
与卷尺相同，测量长度时使用。

绳子

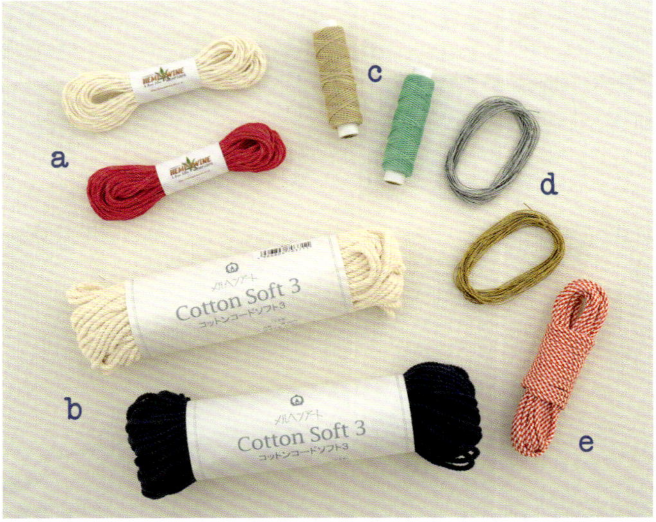

绳子有各种各样的材质和形状。使用的绳子不同，做出的作品风格和硬度等也会不同。
请选择材质、粗细、韧性、颜色适合作品的绳子。
左图是本书中使用的部分绳子。

a HEMP TWINE 中

b Cotton Soft 3

c Micro Macrame Cord

d STAINLESS CORD 0.6mm

e marchen outdoor cord

材料

金属配件

主要用于制作耳坠、手链、胸针等首饰。

能量宝石

有圆形、蛋面形等各种形状的能量宝石。marchen-art 的圆珠，孔都开得很大，以便穿过绳子。（圆珠的孔径为 2.5mm）

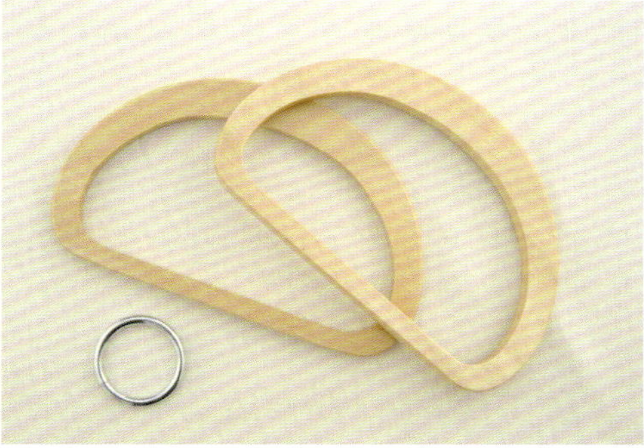

提手、圆环

制作包包和花盆吊饰时使用。
也有将绳子直接挂在上面的作品。

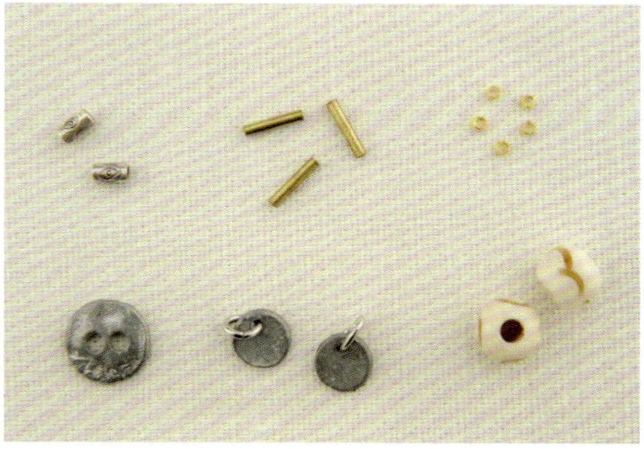

其他的珠子、配件

有金属珠子、骨珠、合金配件等各种质感和材质的，可用于点缀作品。

圆环的打开方法

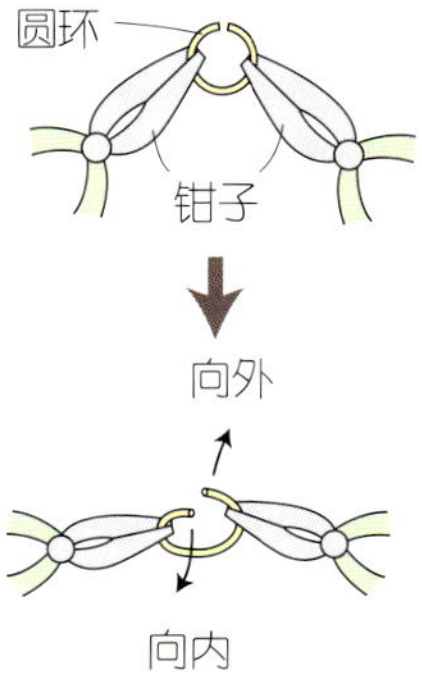

用两把钳子夹住圆环，保持圆环接口向上。

将左手向内，右手向外旋转钳子，打开接口。将配件穿过打开的接口，再次逆向旋转钳子，闭合接口。

右边的左右打开圆环的方法是错误的。这样打开圆环的话，圆环不能完全闭合。一定要注意！

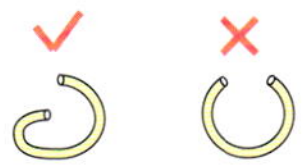

将作品编得精致漂亮的要点

要点 1 准备较为充足的绳子。如果绳子在编结中途不够了，就不能再继续编了。虽然每个作品中都标明了使用量，但是每个人在编结时的手劲儿不同，使用绳子的长度也会有所不同。

要点 2 左右拉线编结时，使用相同的力度，就能编得漂亮。

要点 3 将绳结编得紧凑些，调整至最漂亮的状态。

基础技巧

整束绳子的使用方法

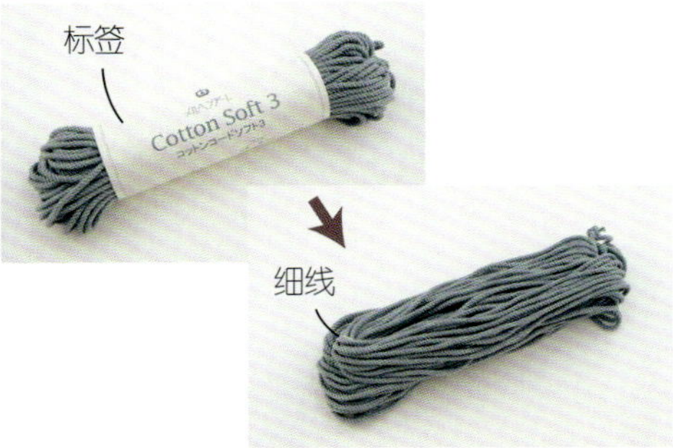

1 取下标签，将绳子松开。如果有捆扎绳子的细线，用剪刀剪断即可。

2 将折叠着的绳子展开，为了避免绳子打结，可以将绳子挂在衣架上，解开绳子端头的结，从一端开始绕绳。

3 绕成圆球状后，从外侧开始使用。

热熔固定的技巧

将绳子端头熔化黏合的收尾方法。

※ 使用打火机时，请注意安全！

本书中使用的绳子中，可以热熔固定的是
Micro Macrame Cord、marchen outdoor cord

1

将想要热熔固定的绳子端头保留 3mm 左右后剪断。将绳子端头慢慢接近打火机的火焰（蓝色火焰的部分）。

2

绳子端头熔化后，马上用打火机的侧面（金属部分）按压固定。即使绳子上还有火，用打火机的侧面按压也能熄灭。
※ 如果火苗过大，绳子可能烧焦变黑，所以请注意燃烧状态。

绳子的挂法

对折的挂绳方法 A

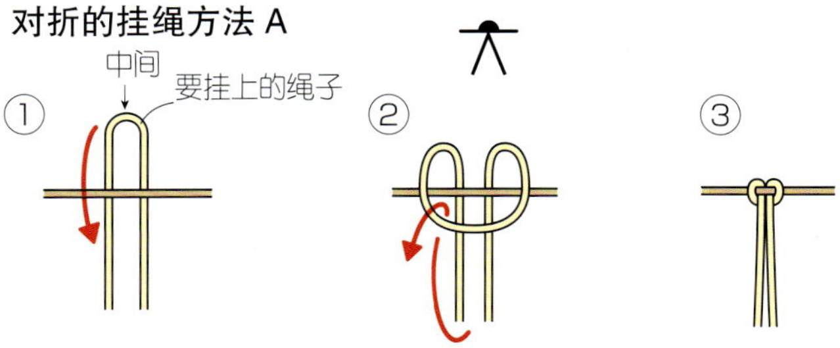

① 将要挂上的绳子对折，放在后面。将对折端向前折下。

② 将绳子的两端从绳圈中拉出。

③ 拉紧。

对折的挂绳方法 B

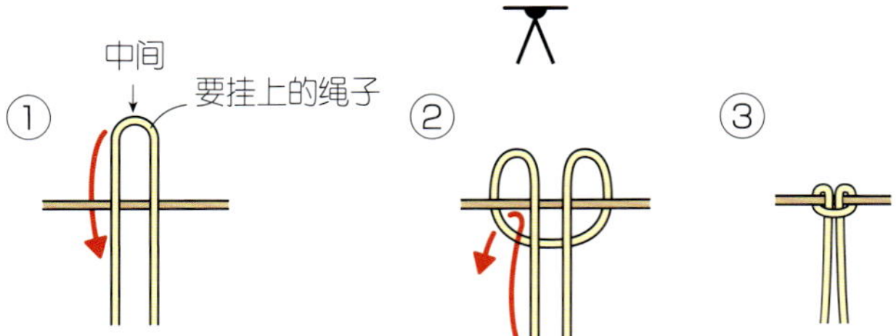

① 将要挂上的绳子对折，放在前面。将对折端向后折下。

② 将绳子的两端穿入绳圈中。

③ 拉紧。

卷结的挂绳方法

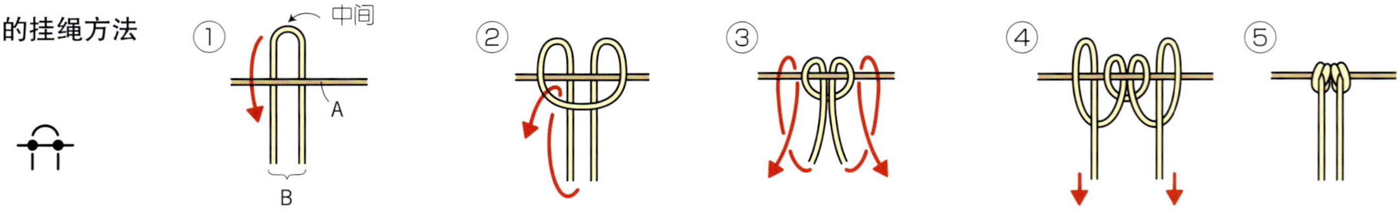

① 将 B 对折，放在 A 的后面。将 B 的对折端向前折下。

② 将 B 的两端从绳圈中拉出。

③ 将 B 的两端分别从前侧挂在 A 上，然后从绳圈中拉出。

④ 拉紧。

⑤ 完成。

基本的绳结

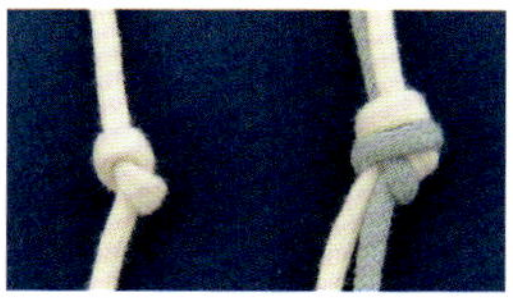

单结

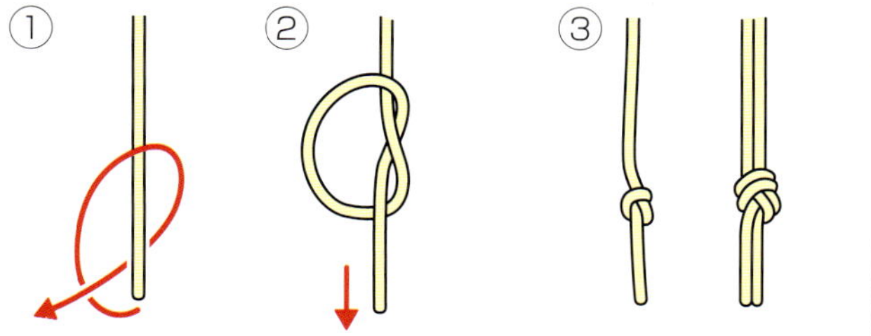

①按照箭头方向将绳子转一个圈，打结。

②将绳子的两端拉紧。

③完成。多根绳子一起时也可以按相同方法编结。

平接结

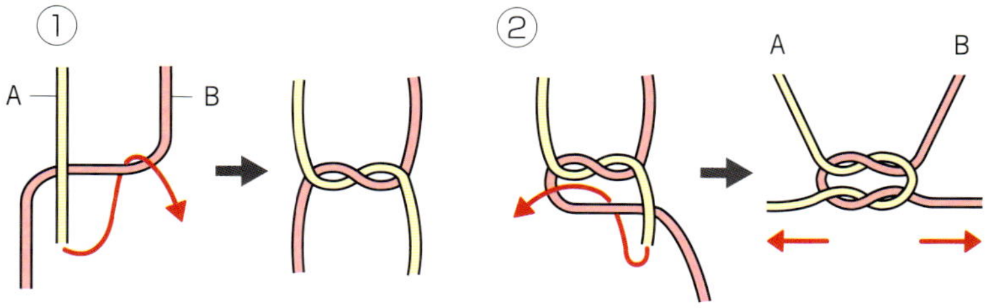

①将A放在B上，按照箭头方向穿过。

②如图所示将A放在B上，按照箭头方向穿过，拉紧。

秘鲁结

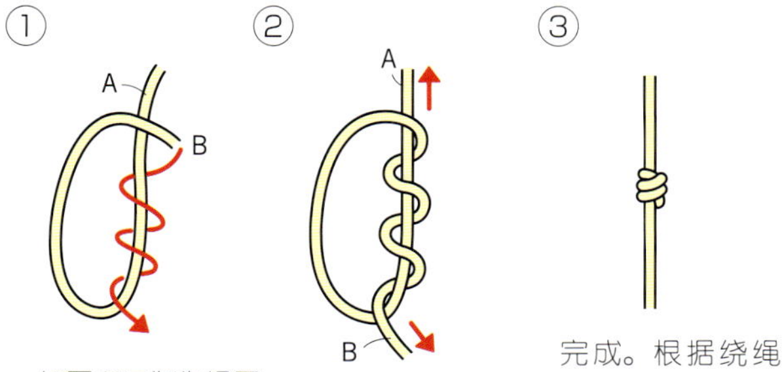

①如图所示制作绳圈，将B在A上绕3次。

②将A和B分别向上下拉紧。

③完成。根据绕绳次数不同，绳结的长度也会变化。

捆扎结（缠绕结）

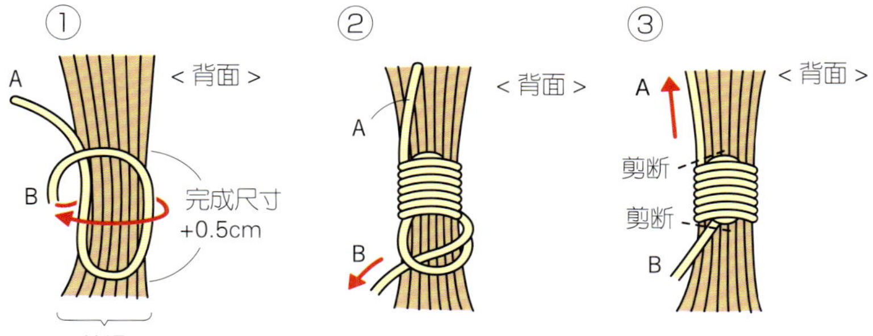

①从背面看，将另外一根绳子如图所示折叠并重叠在芯绳上，从上至下不留空隙地绕住芯绳。

②绕至合适的尺寸后，将绳子的端头B穿入下方的绳圈中。

③将绳子的另一端头A向上拉，将下方的绳圈收入绕好的绳子中固定住。将A、B在绳结的边缘剪断。

共线捆扎结（共线缠绕结）

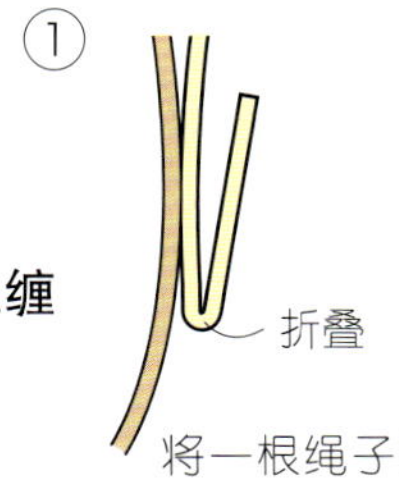

①将一根绳子如图所示折叠。

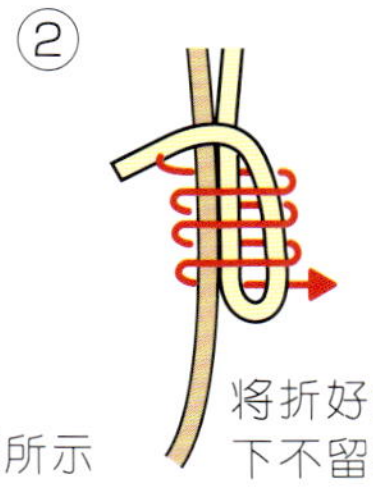

②将折好的绳子从上至下不留空隙地绕住所有绳子。

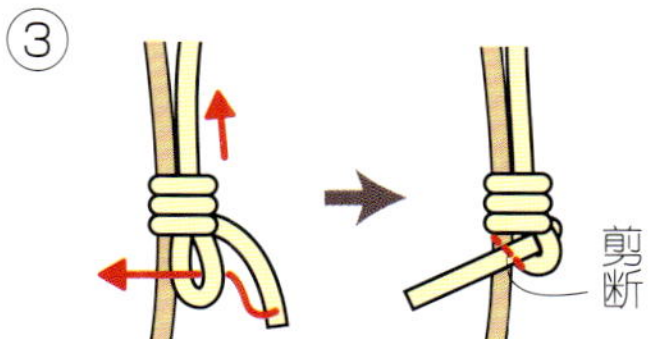

③将绳子的端头穿入下方的绳圈中，将绳子的另一端向上拉，将下方的绳圈收入绕好的绳子中固定住。下方的绳子端头在绳结的边缘剪断。

三股编

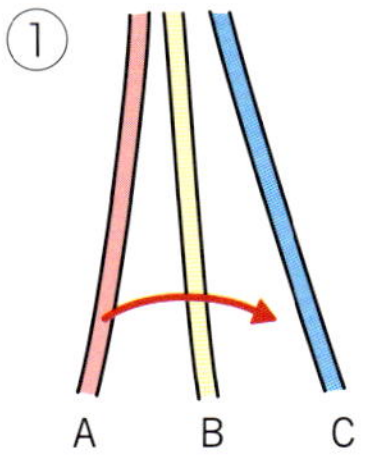

①并排码放3根绳子。将A从B上方交叉。

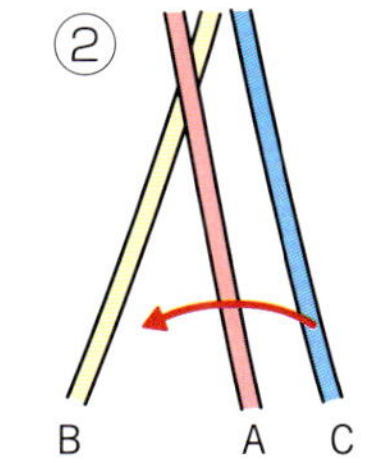

②将C从A上方交叉。

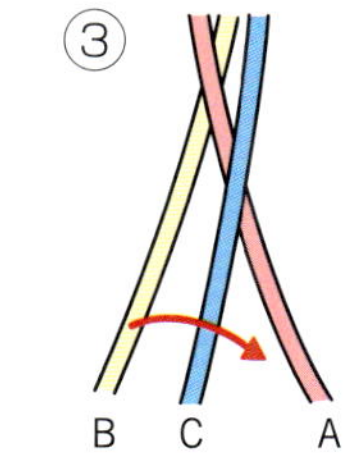

③按照步骤①、②的顺序反复交叉。

④一边编一边拉紧绳子。

左右结（左右轮结）

① 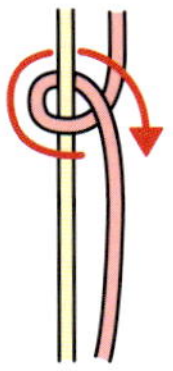

将左侧的绳子作为芯绳，将右侧的绳子绕在芯绳上，拉紧。

② 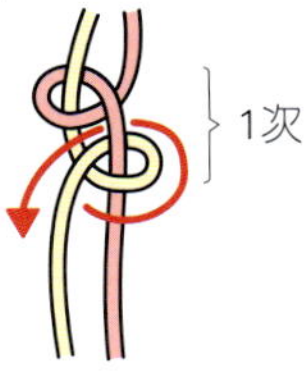

再将右侧的绳子作为芯绳，将左侧的绳子绕在芯绳上，拉紧。完成 1 次左右结。

③ 

重复步骤①、②。

左锁边结

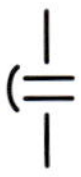

① 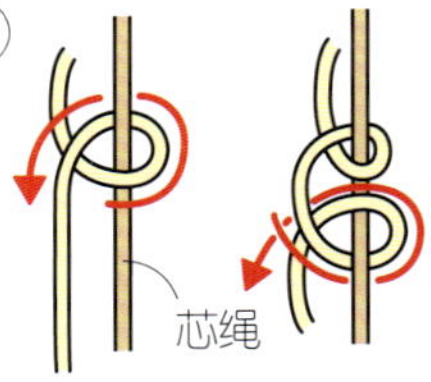

将编结绳放在芯绳左侧，按照从上向下，再从下向上的顺序在芯绳上绕圈，每次绕圈后拉紧绳子。

② 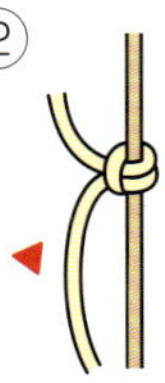

完成 1 次左锁边结。

右锁边结

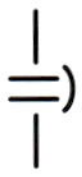

① 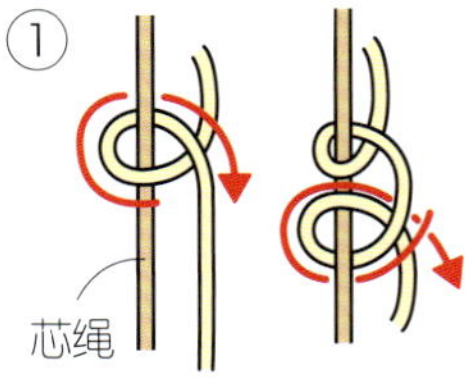

将编结绳放在芯绳右侧，按照从上向下，再从下向上的顺序在芯绳上绕圈。每次绕圈后拉紧绳子。

② 

完成 1 次右锁边结。

平结（双向平结）

① 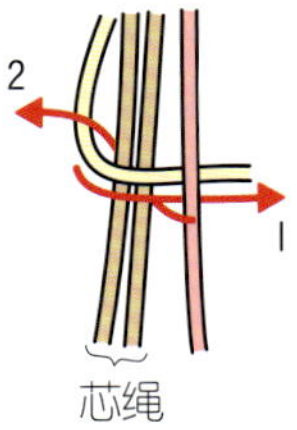

将左侧的绳子放在芯绳上，再在它的上面放上右侧的绳子。将右侧的绳子从芯绳的下方穿至左侧绳子的上方。

② 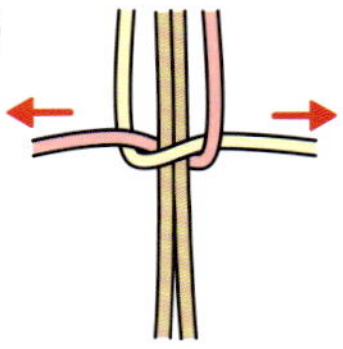

拉左、右的绳子。

③ 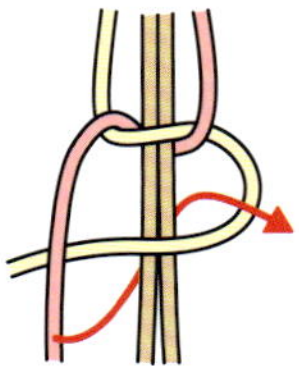

按照相同的方法，将右侧的绳子放在芯绳上，再在它的上面放上左侧的绳子。将左侧的绳子从芯绳的下方穿至右侧绳子的上方。

④ 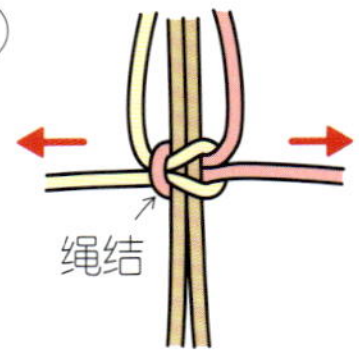

拉左、右的绳子。完成 1 次平结（左上平结）。

[左上平结和右上平结]

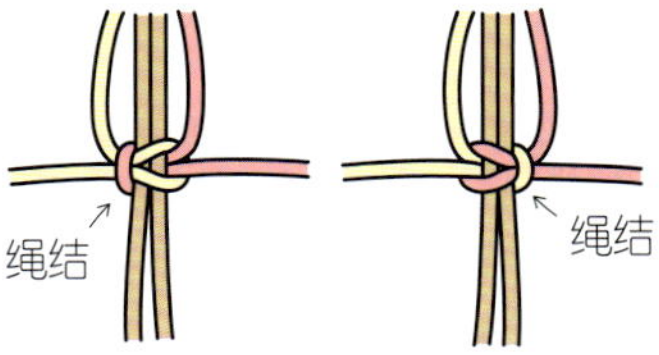

左上平结　　右上平结

将放在芯绳上的绳子的顺序逆转，先放上右侧的绳子，左右对称编结，就是右上平结。

※ 没有特别指定时，统一个方向制作即可。

[翻至背面……]

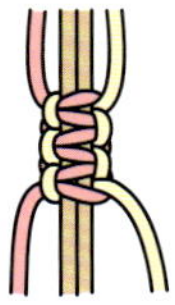

< 编结绳为 2 种颜色时 >

将平结翻至背面，绳子的颜色就会互换。

[连续编结]

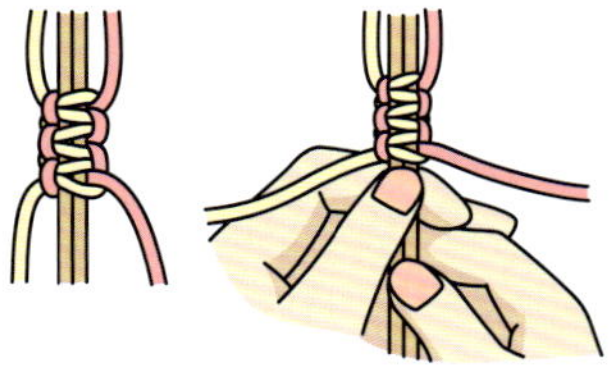

编结三四次时，握住芯绳，将绳结向上推至紧凑。

[加入编结绳的平结编法]

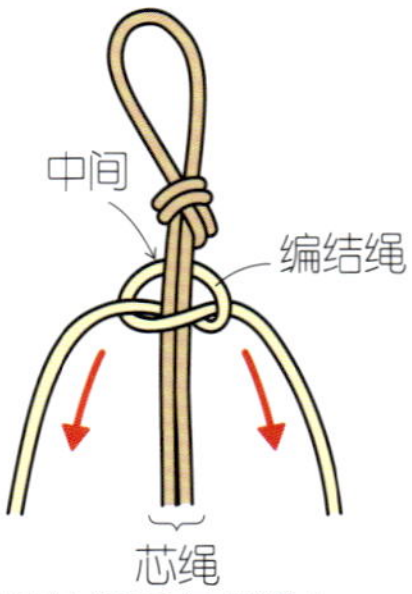

将编结绳系在芯绳上。

花边结

① 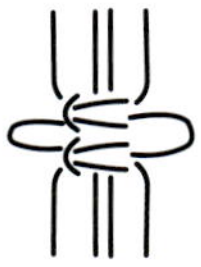

编 1 次平结。

② 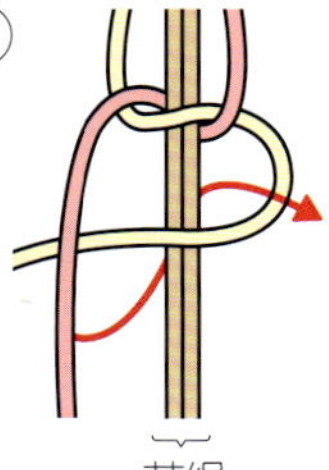

从步骤①中编好的平结开始，间隔想要的花边的 2 倍长（★），再编平结。

③ 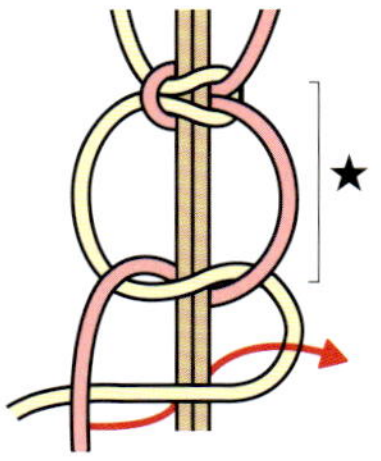

第 2 个平结编结好后，握住芯绳，将下方的绳结向上推。

④ 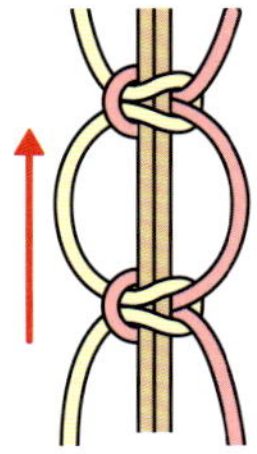

两侧出现了圆环（花边）。

1 次平结的
七宝结

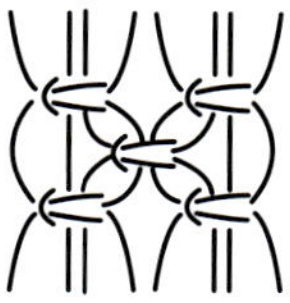

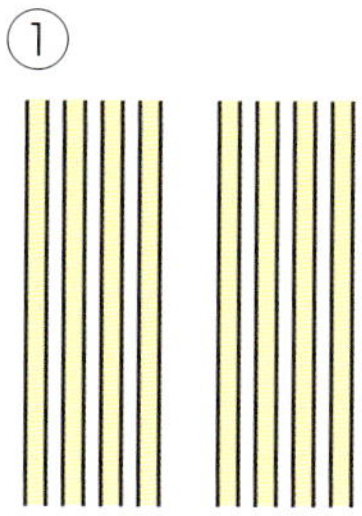

以 4 根绳子为 1 组进行编结。

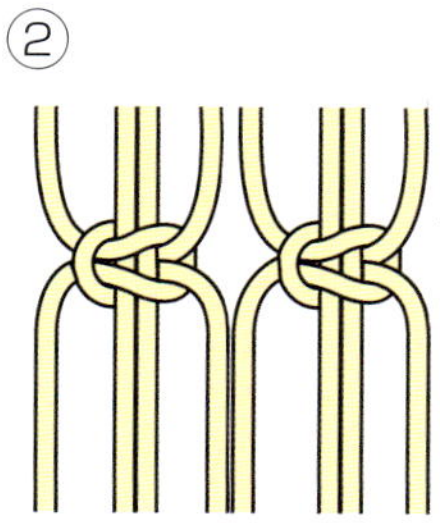

以内侧的 2 根绳子为芯绳，分别编 1 次左上平结。完成第 1 行。

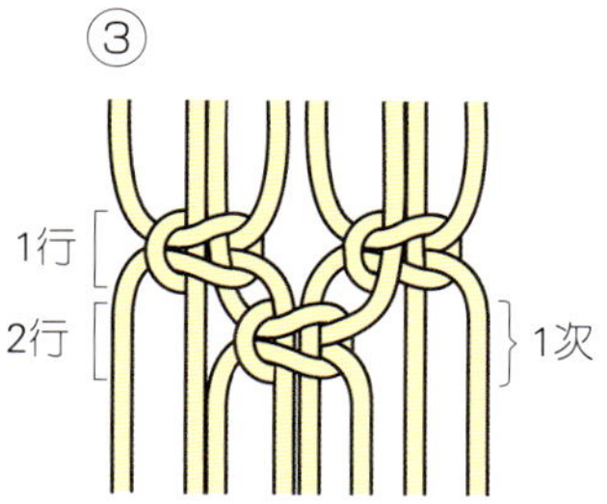

第 2 行如图所示，向右挪动 2 根绳子，编 1 次左上平结。

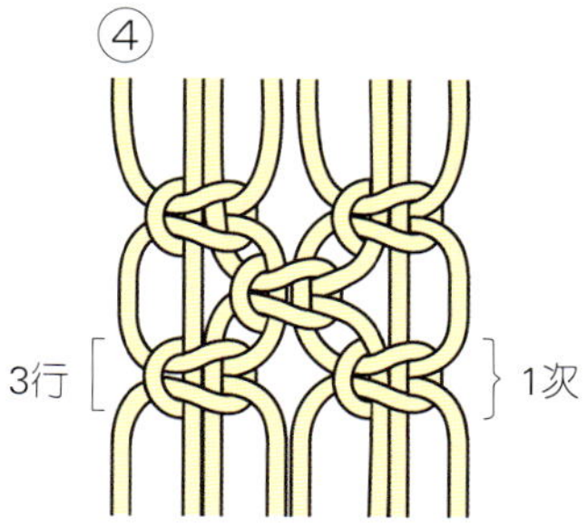

按照相同的方法，一边挪动绳子，一边反复编结左上平结。

2 次平结的
七宝结

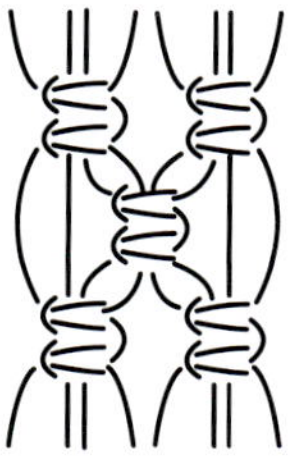

※ 以左上平结进行说明，右上平结的制作方法相同。统一一个方向制作即可。

※ 制作平结的次数根据作品的不同而进行调整。

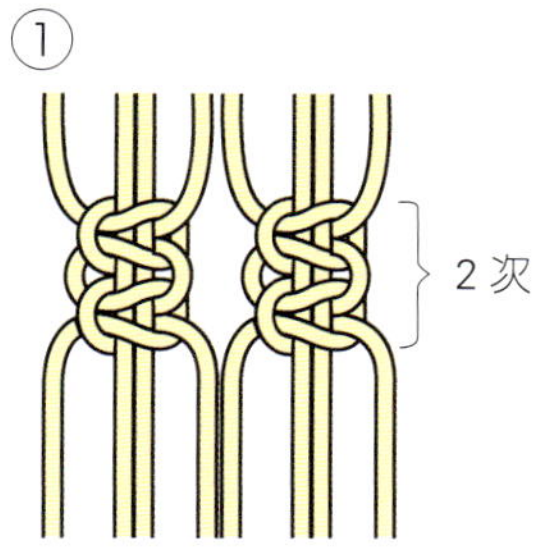

以 4 根绳子为 1 组进行编结。以内侧的 2 根绳子为芯绳，分别编 2 次左上平结。完成第 1 行。

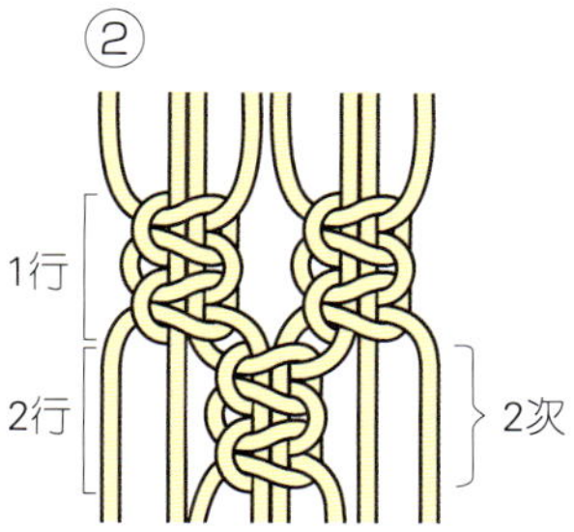

第 2 行如图所示，向右挪动 2 根绳子，编 2 次左上平结。

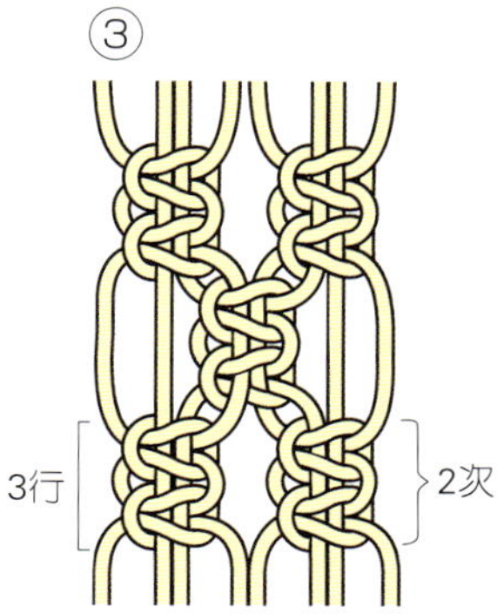

按照相同的方法，一边挪动绳子，一边反复编结左上平结。

横卷结

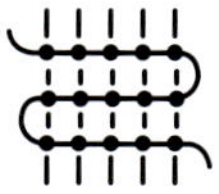

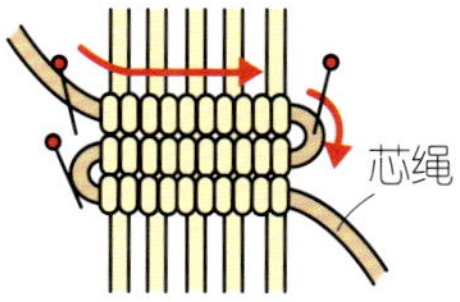

如图所示，先从左向右，再从右向左反复编结。

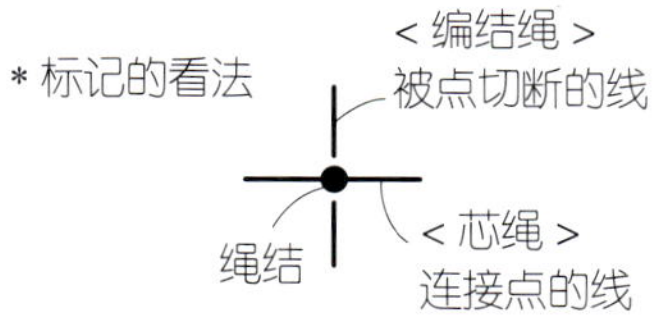

*从左向右编结

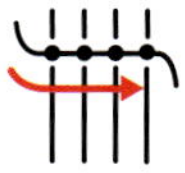

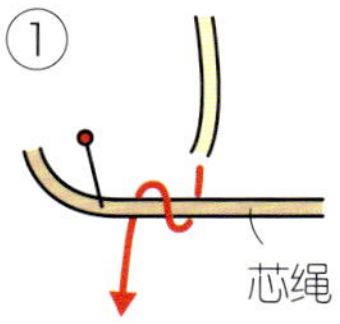

将芯绳用定位针横向固定。按照箭头方向绕编结绳。

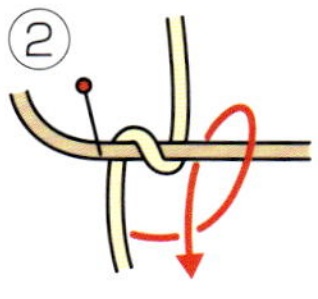

将编结绳从芯绳的前侧绕向后侧。

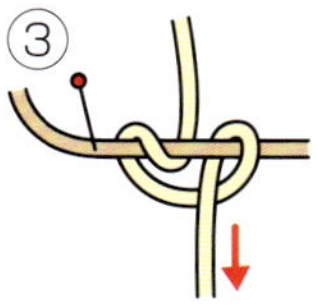

拉出编结绳并拉紧。

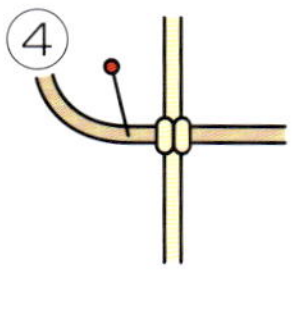

完成 1 个绳结。

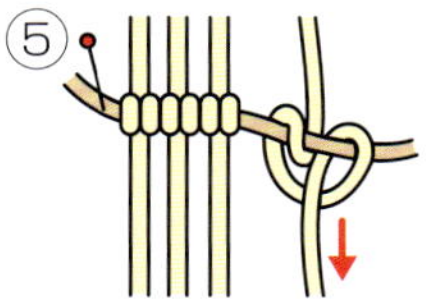

一边向右加入编结绳，一边继续编结。

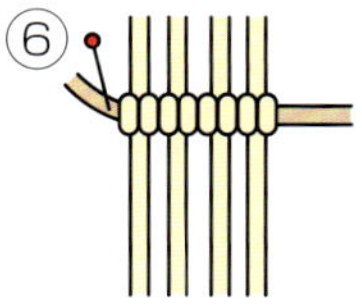

完成。

*从右向左编结

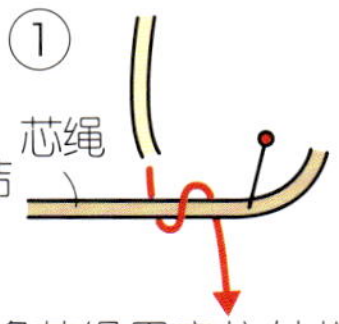

将芯绳用定位针横向固定。按照箭头方向绕编结绳。

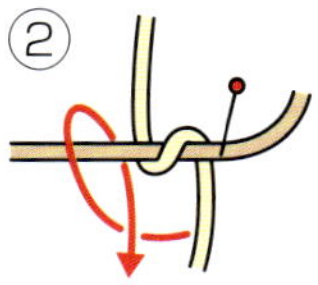

将编结绳从芯绳的前侧绕向后侧。

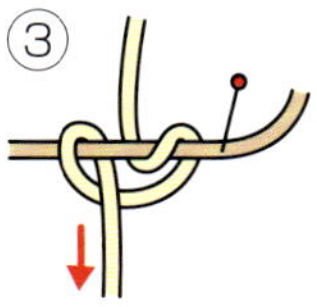

拉出编结绳并拉紧。

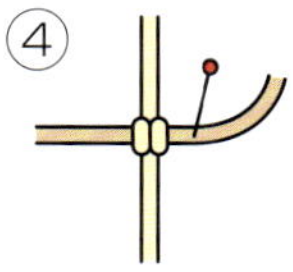

完成 1 个绳结。

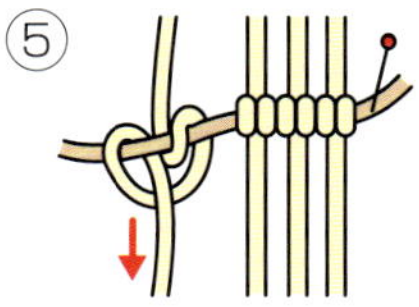

一边向左加入编结绳，一边继续编结。

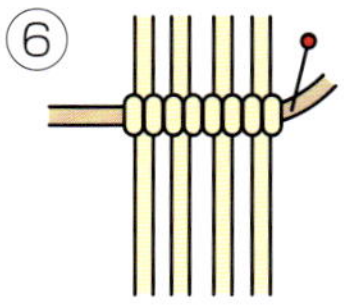

完成。

纵卷结

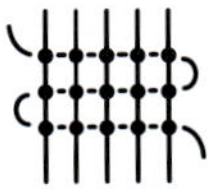

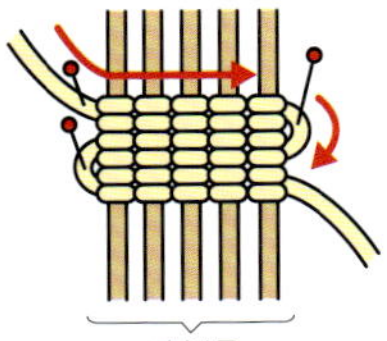

如图所示，先从左向右，再从右向左反复编结。

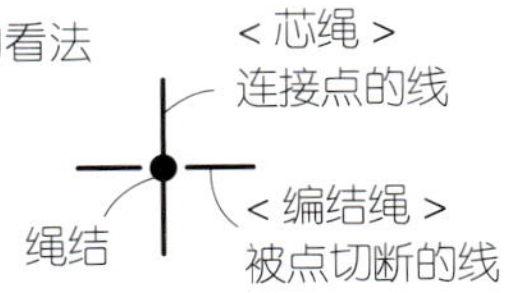

*从左向右编结

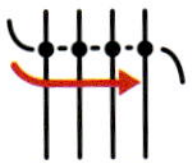

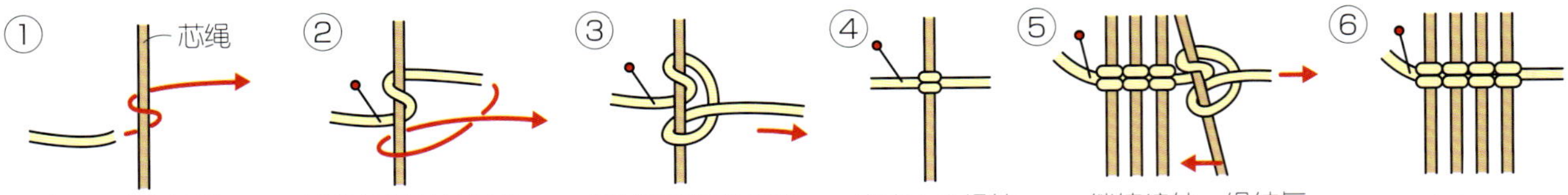

① 将芯绳用定位针纵向固定。按照箭头方向绕编结绳。

② 将编结绳从芯绳的前侧绕向后侧。

③ 拉出编结绳并拉紧。

④ 完成 1 个绳结。

⑤ 继续编结，绳结与绳结之间不要留空隙，将芯绳和编结绳拉紧。

⑥ 完成。

*从右向左编结

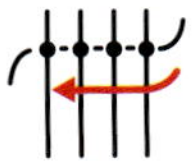

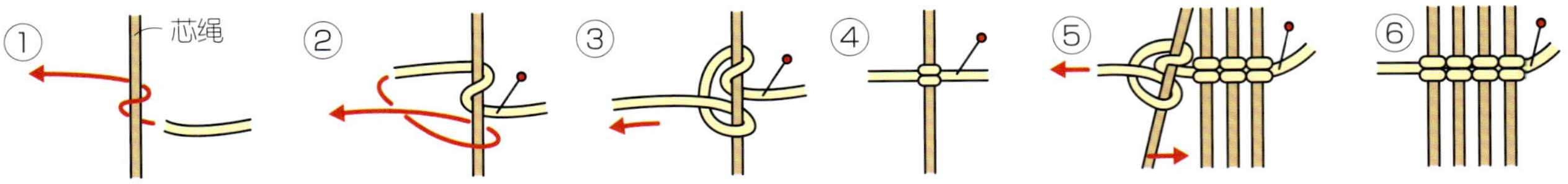

① 将芯绳用定位针纵向固定。按照箭头方向绕编结绳。

② 将编结绳从芯绳的前侧绕向后侧。

③ 拉出编结绳并拉紧。

④ 完成 1 个绳结。

⑤ 继续编结，绳结与绳结之间不要留空隙，将芯绳和编结绳拉紧。

⑥ 完成。

斜卷结

[从右上向左下编结]

从右上向左下斜向编结。将 A（芯绳）用定位针斜向固定。按照 B、C、D（编结绳）的顺序如图所示绕绳。调节芯绳的角度，制作喜欢的线条。

※ 编结方法与从右向左编结的横卷结相同。

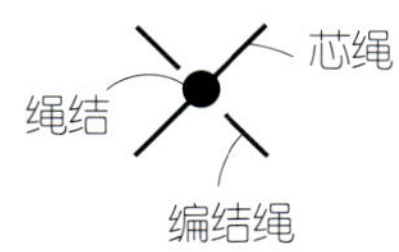

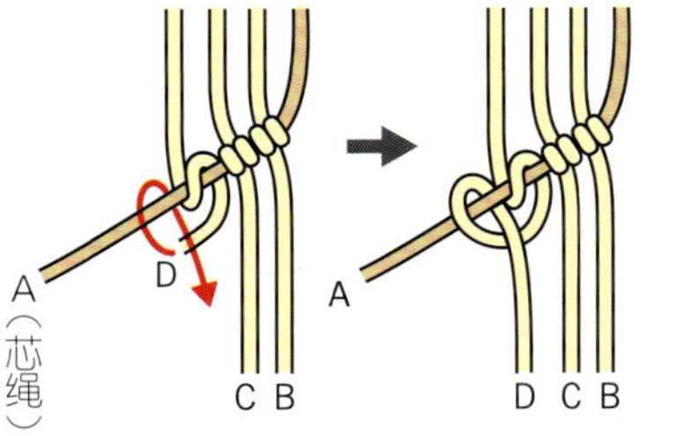

[从左上向右下编结]

从左上向右下斜向编结。将 A（芯绳）用定位针斜向固定。按照 B、C、D（编结绳）的顺序如图所示绕绳。调节芯绳的角度，制作喜欢的线条。

※ 编结方法与从左向右编结的横卷结相同。

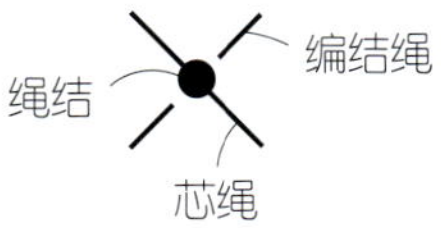

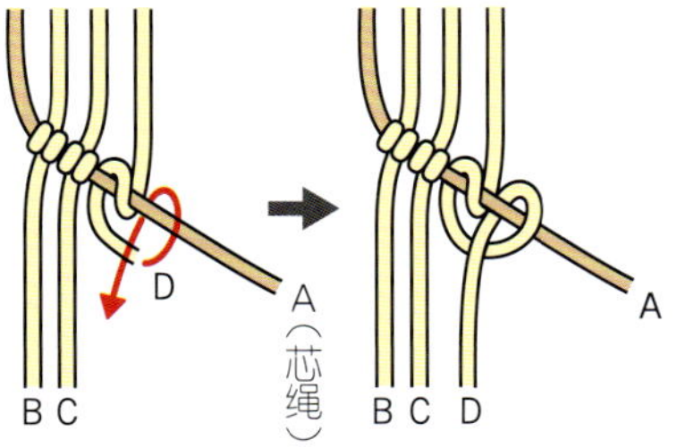

“之”字形斜卷结

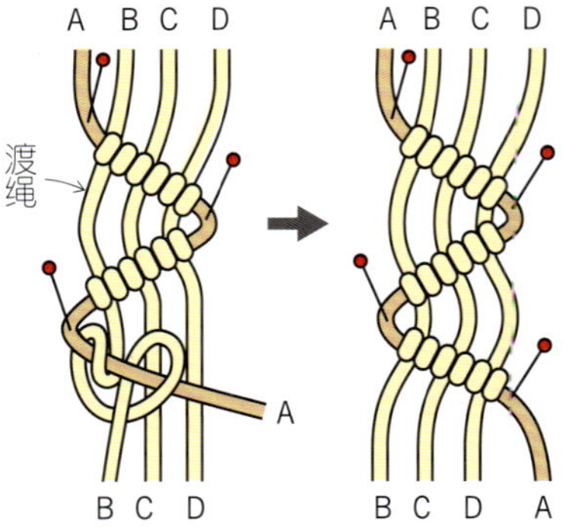

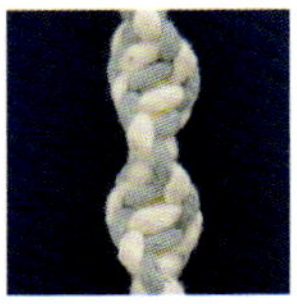

左上扭结（单平结）

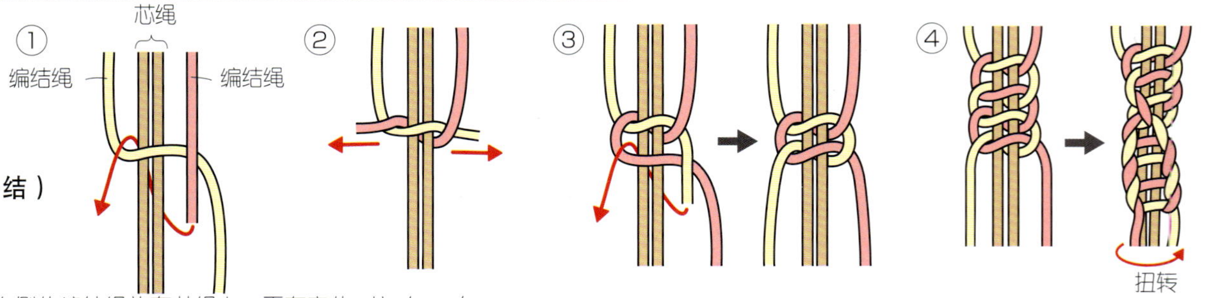

① 将左侧的编结绳放在芯绳上，再在它的上面放上右侧的编结绳。将右侧的编结绳从芯绳的下方穿至左侧编结绳的上方。

② 拉左、右的绳子。

③ 重复步骤①、②，以半螺旋旋转为准，握住芯绳，将绳结向上推。

④ 重复步骤①～③，绳结自然地出现了扭转。